Sammlung Göschen

Atomphysik

Von

Dr. Hans Leßheim
in Breslau

I. Band

Mit 36 Abbildungen

Berlin und Leipzig
Walter de Gruyter & Co.
vormals G. J. Göschen'sche Verlagshandlung · J. Guttentag, Verlagsbuchhandlung · Georg Reimer · Karl J. Trübner · Veit & Comp.
1929

Druck von Walter de Gruyter & Co., Berlin W 10.

Inhalt.

Erstes Kapitel.

Die Grundlagen der Atomphysik.

Zweites Kapitel.

Die Bohrsche Theorie des Wasserstoffspektrums.

Drittes Kapitel.

Zeemaneffekt und Feinstruktur.

1. Kapitel.

Die Grundlagen der Atomphysik.

§ 1. Ion und Elektron.

Die experimentellen Forschungen, die später dazu führen sollten, den Begriff des Atomismus der Materie seines spekulativen Charakters zu entkleiden, und die so in der „Atomphysik" eine neue wissenschaftliche Epoche der physikalischen Erkenntnis einleiteten, beginnen mit zwei verschiedenen Entdeckungen auf zwei zunächst scheinbar völlig voneinander verschiedenen Gebieten. Das eine ist das der elektrischen Entladungen in hochevakuierten Räumen, das zur Bekanntschaft mit den Kathoden- und den Röntgenstrahlen führte, das andere das Gebiet der Radioaktivität, auf dem uns die Natur die Umwandlung gewisser chemischer Elemente in andere sozusagen im Experiment vorführt. Die Erkenntnis der Wesensgleichheit der bei derartigen Prozessen auftretenden β- und γ-Strahlen mit den Kathoden- und Röntgenstrahlen schlug die Brücke zwischen beiden Forschungsgebieten und rechtfertigte gleichzeitig den aus den Ergebnissen der Elektrolyse gezogenen Schluß der Existenz eines elektrischen Elementarquantums. Damit hatte die Anschauung der diskontinuierlichen Verteilung als eine Art von Atomismus auch in die Elektrizitätslehre Eingang gefunden.

Faraday[1]) hatte gefunden, daß in der Elektrolyse

[1]) Diese Dinge können hier nur ganz kurz gestreift werden; nähere Erläuterungen über die Vorgänge bei der Elektrolyse finden sich in dem Bändchen 980 dieser Sammlung.

stets die gleiche Elektrizitätsmenge dazu gehört, um aus Verbindungen einwertiger Elemente soviel Gramm der Zersetzungsprodukte abzuscheiden, wie das Atomgewicht angibt. Diese Elektrizitätsmenge, jetzt 1 Faraday genannt, ist

$$\mathfrak{F} = 96\,494 \text{ Coulomb}$$
$$= 96\,49{,}4 \text{ elektromagn. CGS-Einheiten,}$$

und ist imstande, aus dem Elektrolyten dem Atomgewicht entsprechend etwa

1 g H oder 35,46 g Cl oder 197,2 g Au

auszuscheiden. Da diese Mengen jeweils die gleiche Anzahl von Atomen enthalten, so folgt daraus, daß die Äquivalentladung $\mathfrak{F}$ stets die gleiche Anzahl einwertiger Atome ausscheidet. Helmholtz und Stoney erkannten unabhängig voneinander, daß sich daraus eine atomistische Struktur der Elektrizität ergibt, insofern, als jedes einwertige Atom eine und dieselbe elektrische Ladung e tragen müsse. Die Äquivalentladung enthält dann ebenso viele solcher Elementarladungen, wie das Grammatom Atome. Bezeichnet man diese Zahl mit L (Loschmidtsche Zahl), so daß also

$$1\,\text{g} = L \cdot m_{\text{H}}; \qquad 35{,}46\,\text{g} = L \cdot m_{\text{Cl}} \text{ usw.}$$

ist, wo m_{H}, m_{Cl}, ... die Massen der betreffenden Atome sind, so ist auch

$$\mathfrak{F} = L \cdot e \tag{1}$$

und wegen

$$L = \frac{1}{m_{\text{H}}} \tag{2}$$

auch

$$\mathfrak{F} = \frac{e}{m_{\text{H}}} \tag{3}$$

Da die abgeschiedene Menge — das chemische Äquivalent — bei mehrwertigen Stoffen umsovielmal kleiner ist, wie die Wertigkeit angibt, tragen mehrwertige Atome offenbar entsprechend mehr elektrische Elementarladungen, Kalzium z. B. zwei usw. Solche geladenen Atome bezeichnet man als Ionen; für das elektrische Elementarquantum hat Stoney die Bezeichnung Elektron eingeführt.

Bei der Elektrolyse kommen beide Arten der Elektrizität, positive wie negative, nur in Verbindung mit Materie vor, nicht dagegen frei. Die Frage nach dem Wesen der Elektrizität wird also hier nicht gelöst, insbesondere wird hier noch nicht klar, ob man es mit einer Art von Fluidum oder drgl. oder mit einer Eigenschaft der Materie zu tun hat.

Einen wirklichen Einblick in die Einzelheiten geben erst die erwähnten Versuche an Kathodenstrahlen.

Bringt man in einem Glasrohr zwei Metallplatten, die Elektroden, an, so kann unter geeigneten Umständen zwischen ihnen ein elektrischer Strom durch die trennende Luft hindurchfließen. Durch Verdünnen der Luft erleichtert man die Entladung, die dann in Form eines breiten farbigen Lichtbandes zwischen den Elektroden erfolgt. Solche Röhren, in denen auch an Stelle von Luft andere verdünnte Gase benutzt werden, die dann die mannigfaltigsten Farbwirkungen hervorbringen, brachte zuerst im Jahre 1858 der Bonner Glasbläser Geißler in den Handel; nach ihm heißen sie Geißlersche Röhren.

Die hier auftretende elektrische Entladung geht von der mit dem positiven Pol der Stromquelle verbundenen Elektrode, der Anode, nach der negativen Elektrode, der Kathode hinüber, endet aber nicht erst an der Kathode selbst, sondern schon kurz vorher. Zwischen dem Ende des von der Anode ausgehenden Lichtbandes und der Kathode befindet sich ein dunkler Raum. Verdünnt man

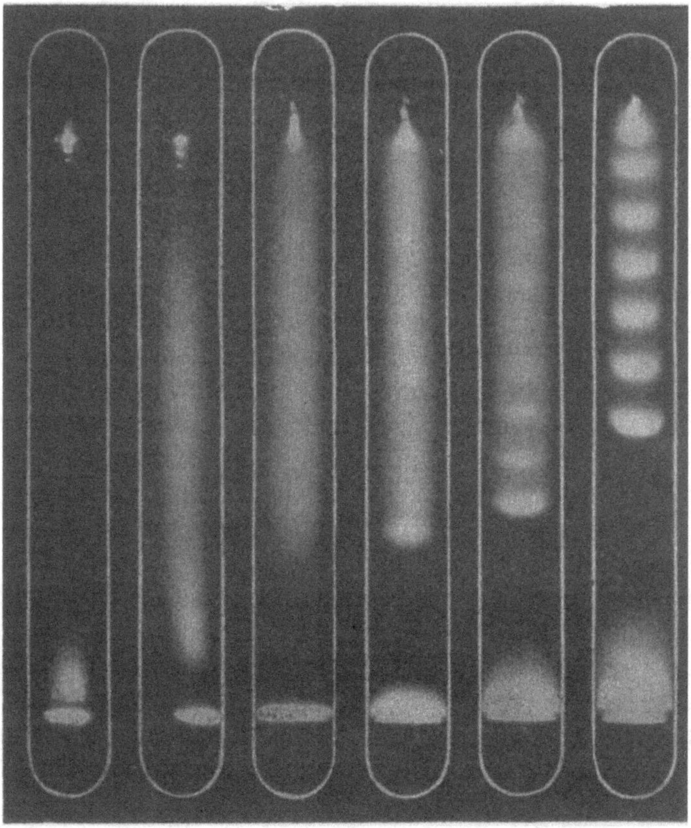

Luftdruck in mm	Spannungs-diff. in Volt
6,3	1700
4,20	1450
2,11	1000
0,63	630
0,40	570
0,34	550

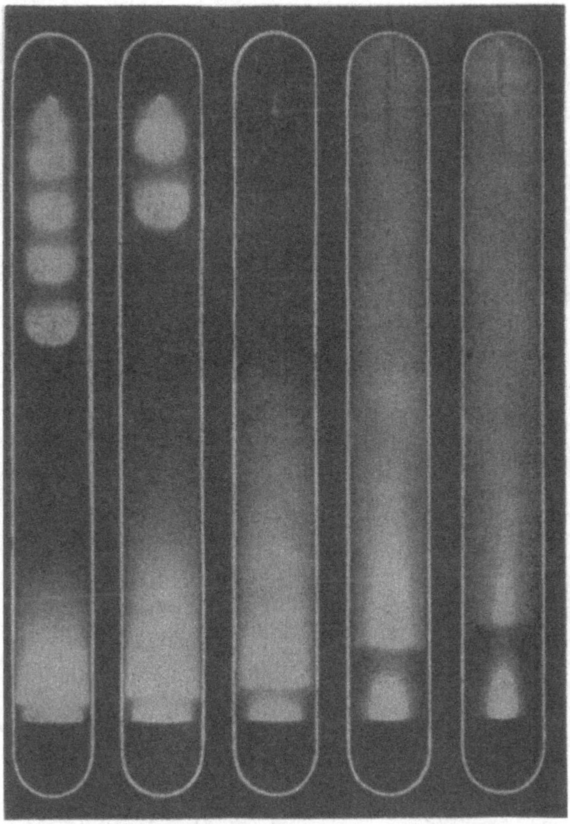

0,19	550
0,15	620
0,10	800
0,05	3000
0,03	>15000

Abb. 1. Mit Luft gefülltes Geißlerrohr bei verschiedenen Drucken.
Aus „Poske-Bavink, Physik“ Oberstufe. Braunschweig, Vieweg & Sohn.

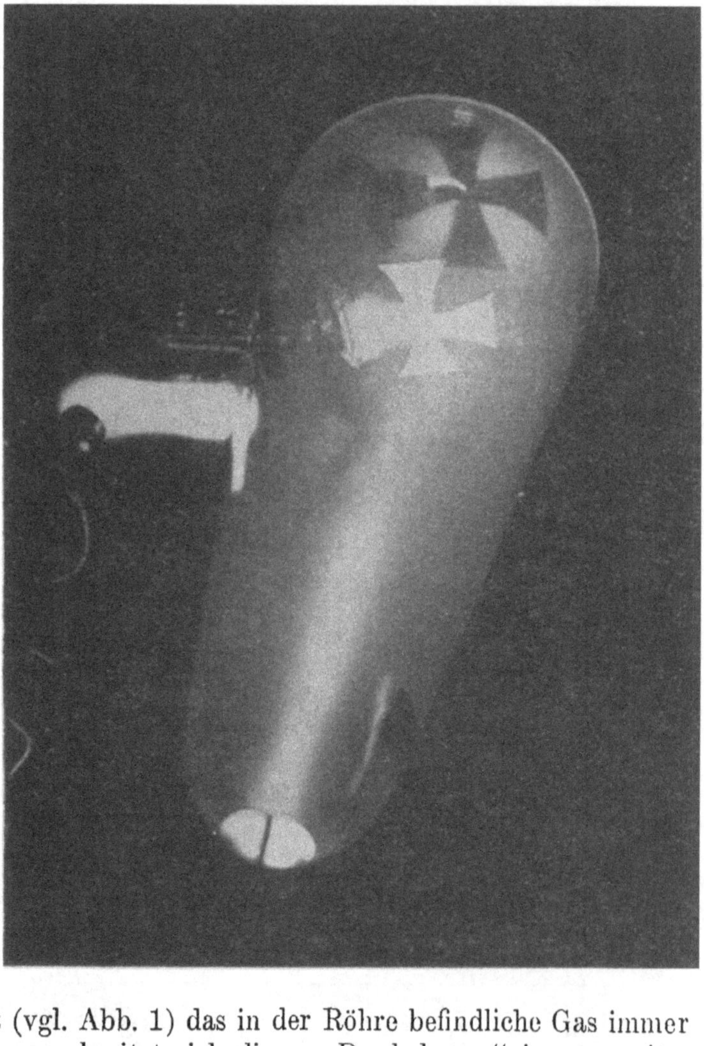

Abb. 2. Crookessches Rohr.

jetzt (vgl. Abb. 1) das in der Röhre befindliche Gas immer weiter, so breitet sich dieser „Dunkelraum“ immer weiter aus, um schließlich bei fortschreitender Verdünnung das positive Lichtband ganz zu verdrängen. Statt dessen zeigt sich eine andere Erscheinung, die zuerst (1869) von Hittorf beobachtet und von Crookes und H. Hertz weiter untersucht wurde. Es gehen von der Kathode Strahlen aus, die die gegenüberliegende Glaswand in hellem grünem Lichte aufleuchten lassen. Diese Strahlen laufen stets senkrecht zur Kathode von ihr fort, also auf die Anode zu, wenn sie der Kathode gegenüber, aber an ihr vorbei, wenn sie seitwärts angebracht ist. In Abb. 2 ist ein solches Entladungsrohr dargestellt. Am rechten Ende befindet sich die Kathode, von der diese Strahlen, die daher den Namen Kathodenstrahlen tragen, ausgehen, unten im Fuß sitzt die Anode, an der noch ein Rest des Lichtbandes zu sehen ist, die aber den Gang der Kathodenstrahlen nicht weiter stört, weil sie seitwärts angebracht ist. In den Weg der Kathodenstrahlen ist ein metallenes Kreuz gestellt, durch das die Strahlen nicht hindurch können. Infolgedessen entsteht an der Glaswand ein dunkler Schatten von genau der gleichen Form, dessen Lage ein Beweis für den geradlinigen Verlauf der Kathodenstrahlen ist. Verbindet man das Metallkreuz mit einem Elektroskop, so zeigt sich, daß es negativ aufgeladen wird; das bringt uns schon auf die Vermutung, daß es sich hier nicht um eine Art von Lichtstrahlen handelt, sondern um kleine negativ elektrische Partikelchen, die von der Kathode weggeschleudert werden. Unsere Vermutung wird bestätigt, wenn wir der Röhre einen Magneten nähern. Lichtwellen würden dadurch nicht im geringsten beeinflußt werden, die Kathodenstrahlen dagegen werden abgelenkt. Da positive und negative Teilchen auf den Magneten in genau entgegengesetztem Sinne reagieren, kann man aus der Richtung der Ablenkung die negative Ladung der Kathodenstrahlteilchen beweisen. Die Kathodenstrahlen sind einer magnetischen Beeinflussung gegenüber derart empfindlich, daß man sie mit einem ein-

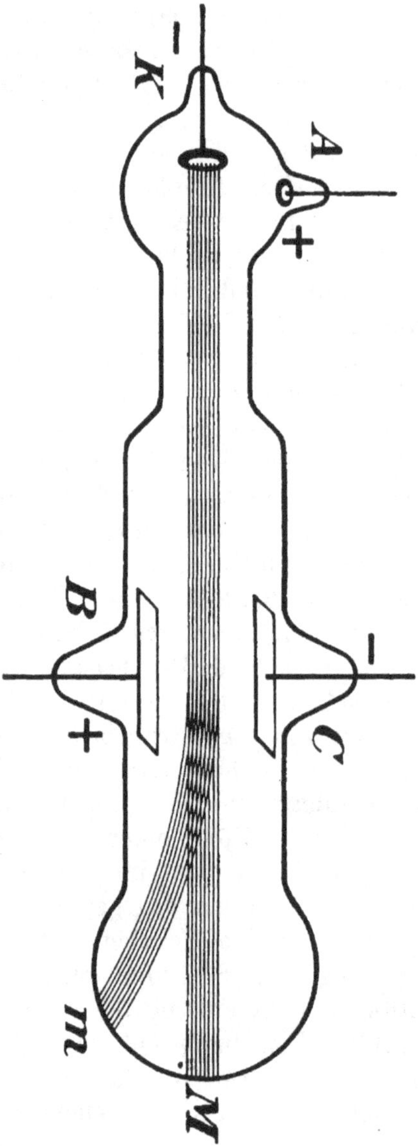

Abb. 3. Kathodenstrahlrohr.

fachen Stabmagneten in jede beliebige Richtung zwingen kann. Schon daraus sehen wir, daß die Teilchen, da sie sich so leicht beeinflussen lassen, ungeheuer leicht sein müssen.

Wenn die Kathodenstrahlen elektrisch geladene Korpuskularstrahlen sind, dann müssen sie von anderen elektrischen Ladungen angezogen bzw. abgestoßen werden. Läßt man z. B. in dem in Abb. 3 wiedergegebenen Entladungsrohr den Strom zwischen der positiven Elektrode *A* und der Kathode *K* übergehen, so laufen die Kathodenstrahlen von *K* nach *M*. Lädt man jetzt die bei *B* befindliche Platte positiv, die bei *C* negativ auf, so krümmt sich die Bahn, und die Strahlen geraten nach *m* statt wie vorher nach

M. Auch hier zeigt sich ihre negative Ladung darin, daß sie von der positiven Platte B angezogen, von der negativen C abgestoßen werden. Aus den Messungen der magnetischen und elektrischen Ablenkung, bei denen sich die Deutschen Kaufmann und Lenard und der Engländer J. J. Thomson hervortaten, kann man ohne Schwierigkeit die sogenannte spezifische Ladung, d. h. das Verhältnis der Ladung e zur Masse m der Kathodenstrahlteilchen berechnen.

Die Geschwindigkeit der Teilchen ergibt sich ohne weiteres aus der Spannungsdifferenz, die sie durchfliegen. Bei einem Potentialgefälle V erleidet ein Körper mit der Ladung e einen Energiezuwachs $e\,V$. Seine kinetische Energie ist daher

$$\frac{1}{2} m v^2 = e V \tag{4}$$

und somit seine Geschwindigkeit

$$v = \sqrt{2 V \frac{e}{m}} \tag{4a}$$

(4a) liefert also eine Beziehung zwischen den beiden Unbekannten, der Geschwindigkeit v und der spezifischen Ladung $\frac{e}{m}$.

Eine zweite Beziehung ergibt sich aus der magnetischen Ablenkung. In einem Magnetfelde von der Stärke H beschreiben die Teilchen eine gekrümmte Bahn mit dem Krümmungsradius ϱ. Da sie auf dieser Bahn im Gleichgewicht sind, muß die magnetische Anziehung die Zentrifugalkraft gerade aufheben, so daß

$$\frac{m v^2}{\varrho} = e v H \tag{5}$$

oder

(5a) $$v = \varrho H \frac{e}{m}$$

ist. Zur Bestimmung der beiden Unbekannten würden diese beiden Gleichungen bereits genügen; zur Erhöhung der Genauigkeit war es jedoch notwendig, auch die dritte aus der elektrischen Ablenkung folgende mit heranzuziehen.

In einem elektrischen Felde von der Stärke F wirkt auf ein Teilchen mit der Ladung e die Kraft eF. Diese Kraft ist andererseits gleich der Masse mal der durch sie hervorgebrachten Beschleunigung b, woraus

(6) $$m b = e F$$

folgt. Es liegt also der gleiche Fall vor, wie beim wagerechten Wurf, nur daß an die Stelle der Schwerebeschleunigung g die Beschleunigung

(6a) $$b = F \frac{e}{m}$$

tritt. Durchfliegt das Teilchen mit der Geschwindigkeit v die horizontale Wegstrecke l, wozu es die Zeit

$$t = \frac{v}{l}$$

braucht, so ist die am Ende des Kondensators gemessene Falltiefe

(7) $$s = \frac{1}{2} b t^2 = \frac{1}{2} F \frac{l^2}{v^2} \frac{e}{m}$$

Es lassen sich übrigens noch weitere Beziehungen zwischen v und $\frac{e}{m}$ ableiten. Die Geschwindigkeiten, die man auf diese Weise findet, liegen zwischen $\frac{1}{10}$ und $\frac{1}{3}$ der Lichtgeschwindigkeit. Die spezifische Ladung des Kathodenstrahlteilchens

(8) $$\frac{e}{m} = 1{,}769 \cdot 10^7 \text{ elektromagn. CGS-Einh.}$$

ist 1834 mal so groß, wie der Wert $\mathfrak{F} = 9\,649{,}4$ [vgl. Gl. (3)], der sich für das Wasserstoffion bei der Elektrolyse ergeben hatte. Wenn es sich daher bei den Kathodenstrahlen um Ionen gewöhnlicher Atome handelte, so müßten sie Ladungen von einer Größe tragen, die um mehr als das etwa 2000-fache größer sind, als die größten je beobachteten. Viel wahrscheinlicher ist es, daß die Teilchen nur eine Ladung von der Größe eines Elementarquantums tragen und andererseits eine Masse besitzen, die nur den 1834. Teil der Masse des Wasserstoffatoms ausmacht. Das zeigen insbesondere Versuche, die dem im folgenden beschriebenen Versuch zur Messung des Elementarquantums ähnlich sind. Mit anderen Worten bedeutet das, daß die Kathodenstrahlteilchen freie negative Elektrizität, also Elektronen sind.

Die Größe des elektrischen Elementarquantums und damit die Ladung des Elektrons fand der Amerikaner Millikan nach einer Methode von Ehrenhaft, indem er kleine Teilchen in einem Kondensator gegen die Schwerkraft in der Schwebe hielt. Die von dem elektrischen Felde ausgeübte Kraft $e\,P$ war dann gleich der Schwerkraft $m\,g$. Die Masse der Teilchen konnte durch Fallversuche bestimmt, ihre Ladung durch Bestrahlung — davon wird unten noch die Rede sein — um ein oder mehrere Elementarquanten geändert werden. So ergab sich für das Elektron die Ladung

(9) $$\begin{aligned} e &= 1{,}591 \cdot 10^{-20} \text{ el.-magn. Einh.} \\ &= 4{,}774 \cdot 10^{-10} \text{ el.-stat. Einh.} \end{aligned}$$

Mit Hilfe von (8) folgt daraus für die Masse des Elektrons

(10) $$m = 0{,}899 \cdot 10^{-27} \text{ g},$$

während die Masse des leichtesten Atoms, des Wasserstoffatoms, 1834 mal so groß

(11) $$m_H = 1{,}649 \cdot 10^{-24} \text{ g}$$

ist, was ebenso mit Hilfe von (9) aus (3) folgt. Aus (2) ergibt sich dann für die Loschmidtsche Zahl der Wert

(12) $$L = 0{,}606 \cdot 10^{24}$$

Wir haben nun gesehen, daß negative Elektrizität frei von Materie in Form von Elektronen vorkommt. Die Frage lautet nun: „Gibt es auch positive Elektronen?“ Wenn die negativen Teilchen von der (negativen) Kathode fortlaufen, so werden positive vermutlich auf sie zu laufen. Um sie von den Kathodenstrahlen zu trennen, bohrte Goldstein Löcher, „Kanäle“, in die Kathode, durch die sie beim Aufprallen hindurchfliegen konnten. So gelang es, jenseits der Kathode eine positive Korpuskularstrahlung zu erhalten, für die man nach der Erzeugungsart den Namen Kanalstrahlen prägte. Auch hier sind wieder Ablenkungsversuche möglich, die vor allem von J. J. Thomson und W. Wien ausgeführt wurden. Der positive Charakter der Kanalstrahlteilchen äußert sich darin, daß die Ablenkung in der entgegengesetzten Richtung geschieht, wie bei den Kathodenstrahlen. Die genaue Messung zeigt, daß ihre Geschwindigkeit sehr viel geringer ist; bei Feststellung der Masse dieser positiven Teilchen ergibt sich, daß es sich um Ionen des Gases handelt, mit dem die Röhre gefüllt ist. Befindet sich z. B. verdünnter Wasserstoff darin, so bestehen die Kanalstrahlen, wenn man von Molekülionen absieht, aus positiv geladenen Wasserstoffionen, sind also 1834 mal so schwer, wie die Kathodenstrahlteilchen. Dagegen ist ihre elektrische Ladung genau ebenso groß, wie die der Elektronen, nur ebenso stark positiv, wie diese negativ. Benutzen wir in dem Rohr an Stelle von Wasserstoff das zweitleichteste Gas, Helium, so ändert sich an den Kathodenstrahlen qualitativ überhaupt nichts. Sie sind negative Elektrizität und erklärlicherweise von der Natur des Gases unabhängig. Die Kanalstrahlen jedoch, die jetzt nicht mehr aus Wasserstoff-, sondern aus Heliumionen bestehen, kommen sowohl mit der einfachen, als auch mit der doppelten Ladung vor. Diese und andere Versuche zeigen, daß positive Elektrizität stets nur an Materie gebunden auftritt. Negative Elektrizität ist ein selbständiges Fluïdum, positive eine Eigenschaft der Materie. Zugleich stellt das Elektron das elektrische Elementarquantum, das wirkliche „Elektrizitätsatom", dar; elektrische Ladung ist stets nur in ganzzahligen Vielfachen der Ladung eines Elektrons vorhanden, Bruchteile sind unmöglich.

§ 2. Radioaktivität.

Im Jahre 1897 entdeckte H. Becquerel, daß das Element Uran durchdringende Strahlen aussendet, die die photographische Platte beeinflussen. Später fand das Ehepaar Curie bei der Untersuchung von Uranpechblende, daß die Strahlung stärker war, als dem eigentlichen Urangehalt des Minerals entsprach. Es zeigte sich, daß diese Verstärkung von zwei anderen Metallen herrührte, die darin enthalten waren und die gleiche „radioaktive" Strahlung aussandten. Sie erhielten die Namen Polonium und Radium.

Die radioaktive Strahlung besteht aus drei verschiedenen Sorten von Strahlen, die man als α-, β- und γ-Strahlen bezeichnet.

Die γ-Strahlen reagieren weder auf elektrische, noch auf magnetische Ablenkungsversuche; sie sind Licht, d. h. Wellenstrahlung, von sehr kleiner Wellenlänge und ähneln den unten genauer zu besprechenden Röntgenstrahlen, nur sind sie noch kurzwelliger als diese. Im übrigen ist in diesem Zusammenhange auf sie nicht weiter einzugehen.

Die β-Strahlen sind negative Elektronenstrahlen, genau wie die Kathodenstrahlen, von denen sie sich nur durch ihre erheblich größere Geschwindigkeit unterscheiden, die bis zu 98% der Lichtgeschwindigkeit beträgt. Auf

Abb. 4. α-Strahler.
Aus „Jahrbuch der Radioaktivität und Elektronik" Band 10, Leipzig 1913, S. Hirzel.

elektrische und magnetische Ablenkung reagieren sie entsprechend.

Auch die α-Strahlen sind ausgeschleuderte Korpuskeln. Sie tragen positive Ladung und sind, wie die Kanalstrahlen, ganz offenbar Ionenstrahlen. Auch sie unterscheiden sich von den Kanalstrahlen durch ihre erheblich größere Geschwindigkeit. Auf Grund der schon benutzten Beziehung

$$(4) \qquad \frac{1}{2} m v^2 = e V$$

die die Geschwindigkeit von Korpuskularstrahlen mit der erzeugenden Spannungsdifferenz verbindet, kann man sich überlegen, daß sowohl bei Kathoden- wie bei Kanalstrahlen Spannungsunterschiede von rund zwölf Millionen Volt dazu gehörten, um bei ihnen die Geschwindigkeiten der β- und α-Strahlen zu erreichen.

Ein radioaktives Präparat (α-Strahler) ist in Abb. 4 dargestellt. Die Photographie der Bahnen dieser Korpuskularstrahlen ist mit Hilfe einer von C. T. R. Wilson herrührenden Methode möglich gemacht worden. Die Abbildungen 4, 5, 6, 9 und 13 sind Originalaufnahmen Wilsons. Die Methode beruht auf folgender Überlegung.

Es hat sich herausgestellt, daß bei Nebelbildungen in der Atmosphäre in jedem einzelnen Nebeltröpfchen ein sogenannter Kondensationskern steckt, um den herum sich der Wasserdampf niederschlägt. Dieser Kern ist entweder ein Staubteilchen oder auch ein Gasion. Die Wilsonsche Methode beruht nun darauf, daß man das Präparat in ein Gefäß mit Luft oder anderen Gasen bringt, die mit Wasserdampf übersättigt sind. α- und β-Strahlen haben nun die Eigenschaft, die Atome des Gases, auf die sie treffen, zu ionisieren. Öffnet man nun den Hahn, der das Versuchsgefäß mit einem evakuierten Raum verbindet, so dehnt sich die Luft ganz plötzlich aus, und dabei kondensiert sich der Wasserdampf an den entstandenen Ionen, die das α- oder β-Teilchen auf seiner Bahn zurückgelassen hat. Was nun photographiert wird, sind die entstandenen Nebelstreifchen.

Die α-Teilchen sind schwer und besitzen ein großes Ionisationsvermögen. Sie fliegen deshalb ziemlich gerade (Abb. 5), und ihre Bahn besteht aus dicht beieinander liegenden Nebeltröpfchen, die wie eine zusammenhängende Linie aussehen. Die β-Strahlen werden dagegen wegen ihrer kleinen Masse sehr oft und leicht abgelenkt, ihre Bahn (Abb. 6) biegt oft um; auch besteht sie nicht aus zusammen-

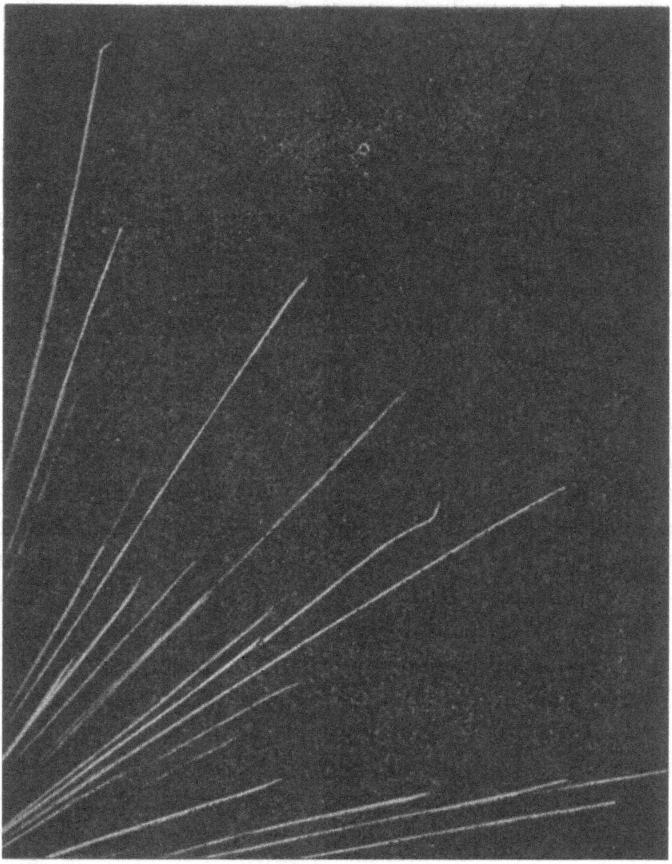

Abb. 5. Bahnen von α-Teilchen.
Aus „Jahrbuch der Radioaktivität und Elektronik" Band 10, Leipzig 1913, S. Hirzel.

hängenden Nebeltröpfchen, sondern aus verhältnismäßig wenigen isoliert stehenden, weil ihr Ionisationsvermögen viel geringer ist.

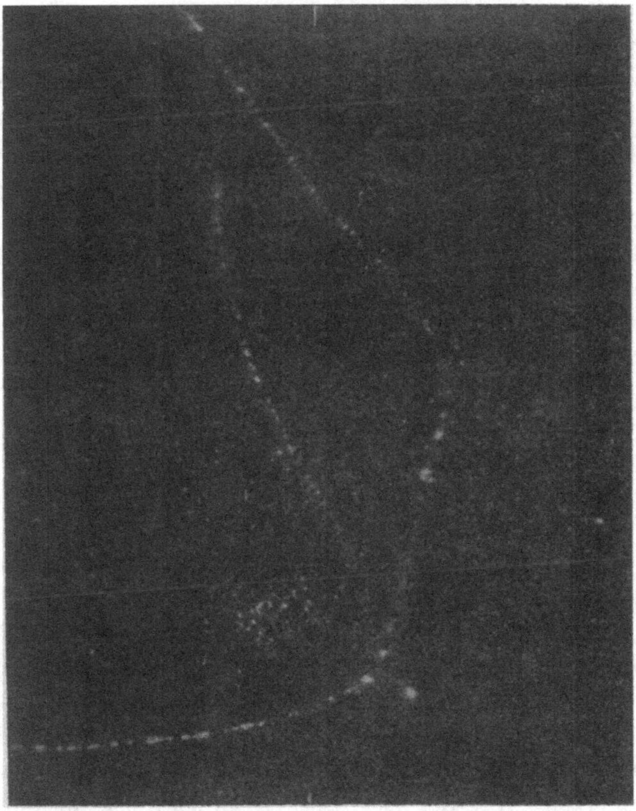

Abb. 6. Bahnen von β-Strahlen.
Aus „Jahrbuch der Radioaktivität und Elektronik“ Band 10, Leipzig 1913, S. Hirzel.

Die $\frac{e}{m}$-Bestimmung ergab für die β-Strahlen genau den Wert wie für alle Elektronen, wenn man noch die von der Relativitätstheorie geforderte Veränderung der Masse durch die Geschwindigkeit berücksichtigte, über die in § 6 des dritten Kapitels noch gesprochen wird. Für die α-Strahlen ergab sich jedoch die Hälfte des Wertes, den man bei Wasserstoffkanalstrahlen erhalten hatte. Der

Grund konnte entweder der sein, daß es sich um ein Teilchen von der doppelten Masse des Wasserstoffatoms handelte — man könnte etwa an das H_2-Molekül oder an ein noch unbekanntes Element vom Atomgewicht 2 denken —, das eine Elementarladung trug, oder aber an ein zweifach geladenes Heliumatom, das das Atomgewicht 4 besitzt. Doppelte Ladung dividiert durch vierfache Masse würde gerade den Faktor $1/2$ ergeben. Versuche, die über die Reichweite der α-Strahlen im Vergleich zur Reichweite von Wasserstoffionen angestellt wurden, und die einen Schluß auf die Masse der Teilchen zulassen, haben tatsächlich zugunsten der letzten Möglichkeit entschieden. α-Strahlteilchen sind also doppelt positive Heliumionen.

Wir haben schon oben erwähnt, daß die Energie, mit der die radioaktive Strahlung ausgesandt wird, von einer ganz anderen Größenordnung ist, als die Energiemengen, die wir sonst zur Verfügung haben. Es war unklar, woher diese Energiequanten kamen, ja es war unklar, aus welcher Quelle überhaupt die ganze Strahlung kam, da sowohl Elektronen, als auch Heliumionen doch nicht einfach aus dem Nichts entstehen konnten. So groß auch die ausgestrahlten Energien sind — 1 g Radium gibt pro Stunde etwa 100 kal her —, so nehmen sie doch in einer ganz bestimmten Weise mit der Zeit ab. Beispielsweise ist beim Polonium die Aktivität in 136 Tagen auf die Hälfte gesunken, beim Radium allerdings erst in 1750 Jahren. Ferner entwickelt Radium ein Gas, die sogenannte Radiumemanation, die selbst wieder radioaktiv ist, aber nur eine „Halbwertszeit" von 4 Tagen besitzt. Alle anderen radioaktiven Stoffe verhalten sich ähnlich. Dabei stellte es sich heraus, daß bei der Strahlung die Menge des strahlenden Stoffes abnahm, in dem Präparat aber andere Elemente auftraten, die vorher nicht darin vorhanden waren, und die im allgemeinen selbst wieder radioaktiv sind. *Die Strahlung geht also offenbar auf Kosten der Substanz des Strahlers* und bewirkt dessen Umwandlung in andere chemische Elemente. Hinzu kommt, daß der gesamte Verlauf des Prozesses ganz anders ist, als der aller sonstigen physikalischen oder chemischen Vorgänge. So ist es z. B. auf keine Weise möglich, ihn durch Temperaturänderung, Druck, Magnetfelder usw. in irgend einer Weise zu beeinflussen. Er erweist sich als völlig unabhängig von irgend welchen äußeren Bedingungen.

Die Radioaktivität ist charakteristisch gerade für die schwersten Elemente. Es liegt der Schluß nahe, daß eben diese ungeheuren Massenanhäufungen weniger stabil sind, als die leichteren Elemente, und deswegen unter Ausstrahlung von Bruchstücken ihrer Atome zerfallen. Daß diese Vorstellung das Richtige trifft, werden wir im nächsten Paragraphen noch genauer sehen. Es liegen übrigens Anhaltspunkte dafür vor, daß auch viele, wenn nicht alle leichteren Atome radioaktiv sind, nur wegen ihrer größeren Stabilität mit entsprechend geringer Aktivität. Gesicherte Beobachtungen von Radioaktivität leichter Elemente liegen für Kalium, Rubidium und Kupfer vor.

Die radioaktiven Stoffe bzw. deren Umwandlungsprodukte ordnen sich in zwei Reihen an, die wir als Umwandlungsreihen bezeichnen, und die nach Sommerfeld in Tabelle 1 wiedergegeben sind. Bei jedem Umwandlungsprozeß ist die Strahlung, durch die er erfolgt, angegeben, unter jedem Zwischenprodukt seine Halbwertszeit in Jahren (a), Tagen (d), Stunden (h), Minuten (m) oder Sekunden (s) vermerkt. Die eine Reihe, die man als Uranfamilie bezeichnet, führt von Uran über Radium schließlich zum Radiumblei und hat eine Abzweigung, die früher als selbständige Familie galt und über Protac-

Tabelle 1[1]. **Radioaktive Umwandlungsreihen.**

$\mathrm{UI} \xrightarrow{\alpha} \mathrm{UX_1} \xrightarrow{\beta\gamma} \mathrm{UX_2} \xrightarrow{\beta\gamma} \mathrm{UII} \xrightarrow{\alpha} \mathrm{Io} \xrightarrow{\alpha} \mathrm{Ra} \xrightarrow{\alpha} \mathrm{Ra\text{-}Em}$

4,5 . 10⁹ a — 23,8 d — 1,15 m — (2 . 10⁶ a) — 9 . 10⁴ a — 1580 a — 3,825 d

$\mathrm{UX_1} \searrow \beta$ UZ 6,7 h $\nearrow$ (UZ → UII, dashed)

$\mathrm{UII} \searrow \alpha$ $\mathrm{UY} \xrightarrow{\beta} \mathrm{Pa} \xrightarrow{\alpha} \mathrm{Ac} \xrightarrow{\beta} \mathrm{RdAc} \xrightarrow{\alpha} \mathrm{AcX} \xrightarrow{\alpha} \mathrm{Ac\text{-}Em}$

24,6 h — ≥ 12000 a — (20 a) — 18,9 d — 11,2 d — 3,92 s

$\mathrm{Th} \xrightarrow{\alpha} \mathrm{MsTh\,1} \xrightarrow{(\beta)} \mathrm{MsTh\,2} \xrightarrow{\beta\gamma} \mathrm{RdTh} \xrightarrow{\alpha} \mathrm{ThX} \xrightarrow{\alpha} \mathrm{Th\text{-}Em}$

1,5 . 10¹⁰ a — 6,7 a — 6,2 h — 1,90 a — 3,64 d — 54,5 s

$\mathrm{Ra\text{-}Em} \xrightarrow{\alpha} \mathrm{RaA} \xrightarrow{\alpha} \mathrm{RaB} \xrightarrow{\beta\gamma} \mathrm{RaC} \xrightarrow{\beta\gamma} \mathrm{RaC'}$

3,85 d — 3 m — 26,8 m — 19,5 m — (10⁻⁶ s)

$\mathrm{RaC} \searrow (\alpha)$ $\mathrm{RaC''} \xrightarrow{\beta(\gamma)} \mathrm{RaD} \xrightarrow{\beta\gamma} \mathrm{RaE} \xrightarrow{\beta\gamma} \mathrm{RaF} \xrightarrow{\alpha} \mathrm{RaG}$; $\mathrm{RaC'} \searrow \alpha$ RaD

1,32 m — 16 a — 4,85 d — (Polonium) 136,5 d — (Radiumblei) ∞

$\mathrm{Ac\text{-}Em} \xrightarrow{\alpha} \mathrm{AcA} \xrightarrow{\alpha} \mathrm{AcB} \xrightarrow{\beta\gamma} \mathrm{AcC} \xrightarrow{\beta} \mathrm{AcC'}$

3,92 s — 2 . 10⁻³ s — 36,1 m — 2,16 m — (5 . 10⁻³ s)

$\mathrm{AcC} \searrow \alpha$ $\mathrm{AcC''} \xrightarrow{\beta\gamma} \mathrm{AcD}$; $\mathrm{AcC'} \searrow \alpha$ AcD

4,76 m — (Aktiniumblei) ∞

$\mathrm{Th\text{-}Em} \xrightarrow{\alpha} \mathrm{ThA} \xrightarrow{\alpha} \mathrm{ThB} \xrightarrow{\beta\gamma} \mathrm{ThC} \xrightarrow{\beta} \mathrm{ThC'}$

54,5 s — 0,14 s — 10,6 h — 60,8 m — (10⁻¹¹ s)

$\mathrm{ThC} \searrow \alpha$ $\mathrm{ThC''} \xrightarrow{\beta\gamma} \mathrm{ThD}$; $\mathrm{ThC'} \searrow \alpha$ ThD

3,20 m — (Thoriumblei) ∞

[1]) Die Abkürzungen der Tabelle bedeuten: U = Uran, Ra = Radium, Io = Ionium, Em = Emanation, Th = Thorium, Ac = Aktinium, Ms = Meso, Rd = Radio, Pa = Protaktinium. Die Zahlen sind entnommen aus St. Meyer, Radioaktive Konstanten nach dem Stande von 1920, Jahrbuch der Radioaktivität 17, 80 (1920).

tinium und Aktinium zum Aktiniumblei führt. Die andere Reihe, die Thoriumfamilie, führt vom Thorium zum Thoriumblei.

§ 3. Das Rutherfordsche Atommodell.

Im Verlaufe der bisherigen Untersuchungen ist es klar geworden, daß elektrische Teilchen, insbesondere die Elektronen, beim Aufbau der Atome die entscheidende Rolle spielen müssen. Da das gewöhnliche Atom als Ganzes elektrisch neutral ist, muß es außer einer gewissen Zahl von Elektronen auch noch positive Ladung enthalten, die nach Entfernung einzelner Elektronen überwiegt, so daß dann das Atom als positives Ion auftritt.

Das erste Atommodell dieser Art, das nach einer Idee von Lord Kelvin (William Thomson) von J. J. Thomson näher behandelt wurde, faßte das Atom als eine Kugel mit dem aus der kinetischen Gastheorie bekannten Radius auf, in deren Innern die positive Elektrizität gleichmäßig verteilt war, während sich die negative in Form von Elektronen an einzelnen Stellen gleichfalls im Innern in statischen Gleichgewichtslagen befand. Ein solches Modell ist vom Standpunkte der Elektrizitätslehre aus möglich, war aber nicht vereinbar mit einer Reihe von Versuchen, die Lenard mit Kathodenstrahlen und Rutherford mit α-Strahlen anstellten.

Lenard ließ Kathodenstrahlen, also Elektronen, auf verschiedene Materialien, Gase oder feste Körper, auffallen und fand, daß ein großer Teil von ihnen z. B. durch dünne Metallfolien glatt hindurchging, ohne eine irgendwie nennenswerte Beeinflussung zu erleiden. Er konnte etwa die Röhre am Ende mit solch einer Metallfolie verschließen und durch sie die Elektronen in die Luft hinaustreten lassen. Die Metallatome mußten sich schnell bewegten Elektronen gegenüber geradezu wie ein Sieb verhalten; nur an einigen wenigen Stellen waren sie undurchdringlich, so daß einzelne Elektronen zurückgehalten wurden, während das Gros ungehindert hindurchtrat.

Noch beweiskräftiger waren die genannten Versuche von Rutherford, der fand, daß für α-Strahlen das gleiche galt. Sie gingen im allgemeinen durch eine dünne Metallfolie genau so glatt hindurch, als wenn das Metall überhaupt nicht vorhanden wäre, und nur einige wenige wurden stark abgelenkt oder sogar ganz zurückgeprallt. Diese mußten also auf die undurchdringlichen Teile der Atome gestoßen sein. Die Elektronen im Metall kamen als diese undurchdringlichen Teile nicht in Betracht; denn da das α-Teilchen als Heliumion mehr als 7000 mal so schwer wie ein Elektron ist, mußte bei einem solchen Zusammenstoß das Elektron einfach fortgeschleudert werden, ohne daß das α-Teilchen nennenswert beeinflußt wurde. Die abgelenkten α-Teilchen konnten also nur mit dem positiven Teil des Atoms zusammengetroffen sein, der ja wegen der fast völligen Gewichtslosigkeit der Elektronen die gesamte Masse des Atoms enthalten mußte. Aus der Richtung und Geschwindigkeit der zurückgeprallten α-Teilchen konnte man berechnen, daß diese Masse mit ihrer positiven Ladung auf einem verschwindend kleinen Teil des Raumes konzentriert war, dessen Durchmesser sich zu etwa 10^{-12} bis 10^{-13} cm ergab.

Abb. 7 stellt diesen Vorgang schematisch dar; K ist ein Atomkern, auf den sich aus den verschiedenen Richtungen a, b, c, d, e α-Strahlen zu bewegen. Diese werden in die Richtungen a', b', c', d', e' abgelenkt, und zwar umso stärker, je dichter ihre ursprüngliche Bahn am Kern K vorbeigegangen wäre. Abb. 8 ist eine nach der Wilsonschen Methode hergestellte, ganz wundervolle

Stereoskopaufnahme des Engländers Blackett, auf der man einen Zusammenstoß zwischen einem α-Teilchen und einem ruhenden Heliumatom sieht. Beide Teile werden wie Billardkugeln nach verschiedenen Richtungen weggeschleudert. Die übrigen α-Teilchen bleiben unbeeinflußt.

Auf diese Weise wurde Rutherford zu einem anderen Atommodell geführt, das man als Kernatom bezeichnet.

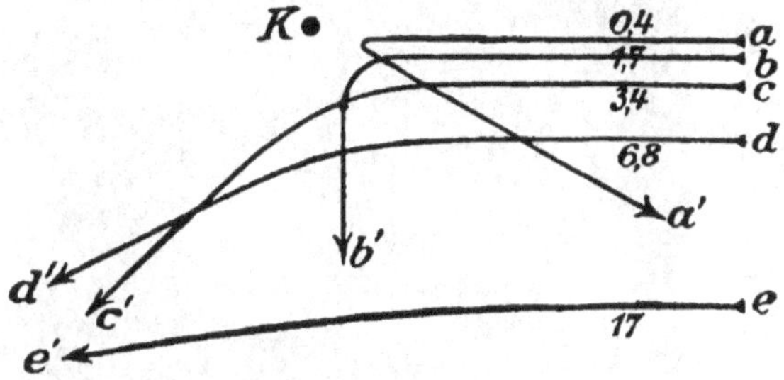

Abb. 7. Ablenkungen von α-Strahlen, hervorgerufen durch einen Atomkern. Aus „A. Berliner, Lehrbuch der Physik". Julius Springer, Berlin.

Die gesamte Masse des Atoms ist in einem Kern von subatomarer Ausdehnung zusammengedrängt, der positiv geladen ist, und „weit" außerhalb befinden sich die Elektronen. Da die Elektronen von der Kernladung angezogen werden, mußte man annehmen, daß sie sich auf Kreisen oder Ellipsen um den Kern bewegen, wie die Planeten um die Sonne, damit sie nicht in den Kern hineinstürzten. Die Ausdehnung dieses gesamten „Planetensystems" ist dann erst die Größe, die sich als Atomdurchmesser aus der kinetischen Gastheorie ergibt. Bei dieser Sachlage ist es dann auch nicht weiter verwunderlich, wenn Teilchen von subatomarer Ausdehnung ohne Schwierigkeit durch ein Atom hindurchfliegen und nur selten auf einen Kern stoßen. Man muß dann allerdings vermuten, daß auch α-Teilchen

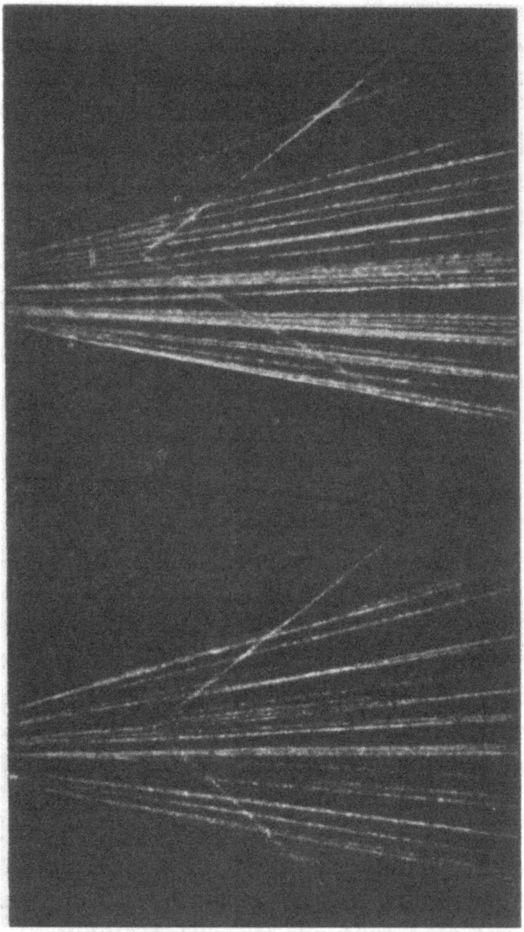

Abb. 8. Stereoskopaufnahme eines Zusammenstoßes zwischen einem α-Teilchen und einem ruhenden Heliumatom.
Aus „Proceedings of the Royal Society (A)", Teil 107 (1925).

subatomare Ausdehnung besitzen. Da es sich um zweifach ionisierte Heliumatome handelt, folgt daraus, daß es nur Heliumkerne ohne Elektronen sind, und daß Helium im neutralen Zustande gerade zwei Elektronen besitzt, die sich auf Planetenbahnen um den Kern bewegen. In Übereinstimmung damit steht die Tatsache, daß, wie oben erwähnt, Helium im Kanalstrahl höchstens zweifach positiv geladen vorkommt; wenn es überhaupt nur zwei Elektronen hat, können auch nicht mehr als zwei abionisiert werden.

Ionisation bedeutet dann also nichts als Entziehung von Elektronen. Hat ein Atom im neutralen Zustande gerade Z Elektronen, deren jedes die Ladung $-e$ trägt, so muß der Kern die Ladung $+Ze$ tragen, damit das Atom nach außen hin als ungeladen wirkt. Wird ein Elektron außen angelagert, so entsteht ein negatives Ion, wird eins abgetrennt, so überwiegt die Kernladung, und es entsteht ein positives Ion. *Kernladungszahl und Elektronenzahl sind also stets ganzzahlig und miteinander identisch.*

Es ist klar, daß der Bau der Elektronenhülle das Entscheidende für die gesamten physikalischen und chemischen Eigenschaften des Atoms sein wird. Das Aussehen der Elektronenhülle hängt aber wesentlich von der Größe der Kernladung ab, da das Bindeglied zwischen Kern und Elektronen die gegenseitige elektrische Anziehung ist. Insbesondere werden wir schon hier sagen, daß zwei Atome mit gleicher Kernladungszahl Z und daher mit gleicher Elektronenzahl auch dann die gleichen physikalischen und chemischen Eigenschaften besitzen müssen, wenn sie verschiedenes Gewicht haben. Das Atomgewicht wird daher nur eine sekundäre Rolle spielen, das Wesentliche wird die Kernladungszahl sein.

Sie für alle Atome zu bestimmen, war also die nächste Aufgabe. Für das He-Atom haben wir sie bereits gelöst; hier ist $Z = 2$, da der He-Kern, das α-Teilchen, ein zweifach positives Ion ist. Daraus folgt ohne weiteres, daß das einzige Atom, das noch leichter als Helium ist, das H-Atom, nur ein Elektron besitzt und mithin auch die Kernladungszahl gleich eins ist. Auch im Kanalstrahl

	I	II	III	IV	V	VI	VII	VIII
1	1 H 1,008							2 He 4,00
2	3 Li 6,94	4 Be 9,01	5 B 10,82	6 C 12,00	7 N 14,008	8 O 16,000	9 F 19,00	10 Ne 20,2
3	11 Na 23,00	12 Mg 24,32	13 Al 27,1	14 Si 28,06	15 P 31,04	16 S 32,07	17 Cl 35,46	18 Ar ← 39,88
→ 4	19 K 39,10 29 Cu 63,57	20 Ca 40,07 30 Zn 65,37	21 Sc 45,1 31 Ga 69,72	22 Ti 48,1 32 Ge 72,5	23 V 51,0 33 As 74,96	24 Cr 52,0 34 Se 79,2	25 Mn 54,93 35 Br 79,92	26 Fe 55,84 27 Co 58,97 ←→ 28 Ni 58,68 36 Kr 82,9
5	37 Rb 85,45 47 Ag 107,88	38 Sr 87,63 48 Cd 112,4	39 Y 88,7 49 In 114,8	40 Zr 90,6 50 Sn 118,7	41 Nb 93.5 51 Sb 121,8	42 Mo 96,0 52 Te 127,5	43 Ma ←→ 53 J 126,92	44 Ru 101,7 45 Rh 102,9 46 Pd 106,7 54 X 130,2
6	55 Cs 132,8 79 Au 197,2	56 Ba 137,4 80 Hg 200,6	57 La 138,9 81 Tl 204,4	72 Hf 179 ± 1 82 Pb 207,2	73 Ta 181,5 83 Bi 209,0	74 W 184,0 84 Po (210,0)	75 Re 85*	76 Os 190,9 77 Ir 193,1 78 Pt 195,2 86 Em (222,0)
7	87*	88 Ra 226,0	89 Ac (226)	90 Th 232,1 ←→	91 Pa (230)	92 U 238,2		

Zwischen 57 La und 72 Hf einzuschalten: die seltenen Erden

58 Ce 140,2	59 Pr 140,9	60 Nd 144,3	61*	62 Sm 150,4	63 Eu 152,0	64 Gd 157,3
65 Tb 159,2	66 Dy 162,5	67 Ho 163,5	68 Er 167,7	69 Tu 169,4	70 Yb 173,5	71 Cp 175,0

Die Zahlen vor den Symbolen der Elemente bedeuten die „Ordnungszahlen", die Zahlen darunter die Atomgewichte. Diese sind der Tabelle der deutschen Atomgewichts-Kommission von 1924 entnommen.

kam Wasserstoff nur mit einfacher positiver Ladung vor. Ein zweifach positives H-Ion wäre nach diesen Überlegungen eine Unmöglichkeit, da sich keine zwei oder mehr Elektronen abspalten lassen, wenn nur eins vorhanden ist; es ist auch nie beobachtet worden.

Schwieriger lag die Frage für die übrigen Elemente. Nun kennt man aber bereits eine Systematik der Atome aus der Chemie, das periodische oder, besser gesagt, das natürliche System der Elemente, das in der üblichen Form in Tabelle 2[1]) wiedergegeben ist. Es ist in der Hauptsache die Anordnung nach dem Atomgewicht und bewirkt, daß Elemente mit ähnlichen chemischen Eigenschaften jeweils untereinander zu stehen kommen. Gegen dieses Prinzip der Ordnung nach dem Atomgewicht ist nur an drei Stellen verstoßen, wo je zwei Elemente in der Reihenfolge vertauscht werden mußten, um nicht Unordnung in das System zu bringen. Da, wie wir schon sahen, die Kernladung die chemischen Eigenschaften bestimmt, werden wir zwischen ihr und dem periodischen System einen Zusammenhang erwarten müssen.

Berechnungen von Chadwick gestatteten es, diesen Zusammenhang bereits auszusprechen, ehe er vollständig bewiesen war. In Abb. 9 sehen wir einen vergrößerten Ausschnitt aus Abb. 5. Die eine der beiden α-Strahlbahnen endet infolge eines Zusammenstoßes mit einem anderen Atomkern mit einem scharfen Knick. Sieht man genau hin, so sieht man auch ein kleines Stückchen einer zweiten Bahn von dem Knick ausgehen. Das ist die Spur, die der getroffene Kern zurückgelassen hat. Sie ist kürzer, da der Kern schwerer als der He-Kern, der ihn traf, war, deshalb langsamer flog und sein Ionisierungsvermögen eher ver-

[1]) Aus A. Sommerfeld, Atombau und Spektrallinien, Braunschweig, Vieweg & Sohn, A.-G.

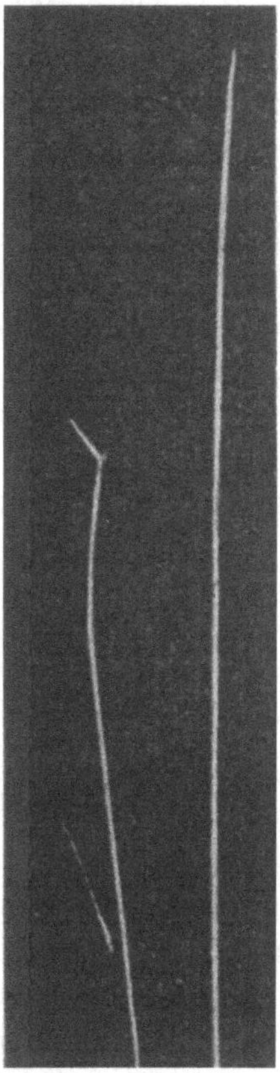

Abb. 9. Zwei Bahnen von α-Teilchen. Vergrößerung eines Teiles von Abb. 5.
Aus „Jahrbuch der Radioaktivität und Elektronik" Band 10, Leipzig 1913, S. Hirzel.

loren hat. Aus den Winkeln, die die Bahnen nach dem Stoß mit der Bahn des ankommenden Teilchens bilden, kann man die Ladung des getroffenen Kerns (vgl. Abb. 7) berechnen; denn das, was beim „Zusammenstoß" die beiden Kerne voneinander forttreibt, sind natürlich keine Elastizitätskräfte, wie bei einem Zusammenstoß von Billardkugeln, sondern ist die elektrische Abstoßung, da beide positive Ladung tragen. Auch dann, wenn, wie in den meisten Fällen, die Bahn des getroffenen Kerns nicht feststellbar ist, läßt sich noch mit großer Genauigkeit seine Kernladung aus der Ablenkung der α-Teilchen berechnen. Chadwick fand so für Pt 77,4, Ag 46,3 und Cu 29,3, Zahlen, die sich bis auf ein Prozent genau mit den Ordnungszahlen 78, 47 und 29 der betreffenden Elemente im periodischen System decken. Van den Broek sprach daraufhin die Hypothese aus, daß die Elektronenzahl bzw. die mit ihr identische Zahl der Kernladungen gleich der Ordnungszahl des Atoms im periodischen System sei. Die Zahl also, die bisher nur eine rein äußerliche Nummer des Elementes zur Festlegung seines Platzes im periodischen System war, wurde damit plötzlich zum Range derjenigen Konstanten des Atoms erhoben, die sein eigentliches Charakteristikum bildet und es von allen anderen Atomen unterscheidet.

Von Moseley ist später mit Hilfe der Röntgenspektren (siehe Band II) die van den Broeksche Hypothese einwandfrei bewiesen worden.

§ 4. Der Atomkern.

Ehe wir weiter auf den Bau der Elektronenhülle eingehen, der uns im folgenden ausschließlich interessieren wird, haben wir uns zunächst noch etwas mit dem Kern zu beschäftigen.

Wir haben gesehen, daß der Kern bzw. seine Ladung das eigentliche Charakteristikum des betreffenden Atoms ist. Nun macht uns die Natur in Form von radioaktiven Prozessen Atomumwandlungen vor, die von Korpuskularstrahlung begleitet sind. Atomverwandlung heißt aber nun Kernverwandlung, und da sich unter den ausgesandten Korpuskeln α-Strahlen, d. h. positive Massenteilchen oder, anders ausgedrückt, Kernbruchstücke befinden, stammt die radioaktive Strahlung ganz offenbar aus dem Kern. Wenn Bruchstücke des Atomkerns herausgeschossen werden, dann ist es ja klar, daß das Atom sich in ein anderes verwandeln muß, und dann ist auch die ungeheure Energie, mit der radioaktive Vorgänge erfolgen, verständlich; denn große Massenanhäufungen auf so kleinem Raume, wie ihn ein Kern darstellt, sind naturgemäß ganz riesige Energiepakete.

Daraus geht hervor, daß die Kerne nicht etwa einfach, sondern selbst wieder kompliziert zusammengesetzte Gebilde sind, die jedenfalls α-Teilchen, d. h. He-Kerne, und β-Teilchen, d. h. Elektronen, enthalten müssen.

Im Zusammenhange mit dieser Tatsache fällt unwillkürlich eine andere auf, daß eine sehr große Zahl von Elementen ganzzahlige oder doch nahezu ganzzahlige Atomgewichte besitzt, und daß dabei diejenigen, deren Atomgewicht ein Vielfaches von 4 ist — 4 ist das Atomgewicht des Heliums! — besonders bevorzugt sind. Bezeichnet man die Masse des Wasserstoffatoms mit 1, so hat das Heliumatom das Gewicht 4, Kohlenstoff 12, Stickstoff 14, Sauerstoff 16, Neon 20 usw. Das ließ die Vermutung aufkommen, daß die Kerne der schwereren Elemente einfach aus aneinandergelagerten Wasserstoffkernen zusammengesetzt sind. Diese Vermutung ist als Proutsche Hypothese bekannt.

Der Heliumkern würde danach also aus vier Wasserstoffkernen bestehen. Nun trägt aber jeder H-Kern eine positive Ladung, so daß der He-Kern auch vierfach geladen sein müßte. In Wirklichkeit hat er jedoch, wie wir gesehen haben, die Kernladungszahl 2. Von den vier positiven Kernladungen müssen also zwei durch zwei negative Kernelektronen wieder kompensiert werden, sodaß der Heliumkern im Endeffekt aus vier Wasserstoffkernen und zwei Kernelektronen besteht. Damit ist das Atomgewicht 4 und die Ordnungszahl 2 erklärt. Bei allen anderen Atomen liegt der Fall entsprechend. Z. B. besteht der Kern des Kohlenstoffatoms (Atomnummer 6, Atomgewicht 12) aus 12 Wasserstoffkernen und 6 Elektronen, die das richtige Atomgewicht ergeben, weil die Elektronen fast gewichtslos sind, aber auch die Kernladungszahl 6, d. h. die richtige Atomnummer. Um diesen sechsfach geladenen Kern kreisen dann die sechs Außenelektronen. Als eigentlich letzte Bausteine der Materie hat man daher von unserem heutigen Standpunkte wissenschaftlicher Erkenntnis aus das Elektron, das kleinste Teilchen negativer Elektrizität, und den mit positiver Ladung behafteten Kern des Wasserstoffatoms zu betrachten, der deshalb den Namen Proton erhalten hat.

Wenn allerdings als letzter positiv geladener Baustein der Materie der H-Kern zu gelten hat, so ist damit nicht gesagt, daß alle Atomkerne nun direkt aus ihnen und den Elektronen aufgebaut sein müssen. Vielmehr ist durchaus die Möglichkeit zuzulassen, daß mehrere Protonen und Elektronen zunächst einmal zu größeren Bausteinen zusammengebaut werden, die dann neben einzelnen Protonen und Elektronen gleichfalls Verwendung finden. Solch ein größerer Baustein ist bestimmt der He-Kern in seiner eben besprochenen Zusammensetzung aus vier H-Kernen und zwei Elektronen; daß soundsoviele radioaktive Substanzen α-Strahlen aussenden, ist ein Beweis dafür, daß He-Kerne beim Aufbau ihrer Kerne mit verwendet wurden.

Daß der Heliumkern durchaus dazu geeignet ist, als Baustein verwendet zu werden, kann man sich quantitativ verhältnismäßig leicht überlegen. Sein Atomgewicht ist um 0,03 kleiner als das von vier H-Kernen. Nun ist eine Masse m einem Energiequantum $m\,c^2$ (c = Lichtgeschwindigkeit) äquivalent, ja wir können die Masse geradezu als eine Energieform ansehen; darauf beruht auch die im Laienpublikum so sehr mißverstandene Äußerung von den Energiemengen, die bei Zertrümmerung von Atomkernen frei werden würden, während im Gegenteil zur Zertrümmerung noch Energie verbraucht werden muß und ein Freiwerden von Energie nur denkbar ist, wenn der Atomkern als Masse vernichtet wird. Der Massendefekt des He-Kerns gegenüber vier H-Kernen ist, auf ein geläufiges Energiemaß umgerechnet, gleich 640 Millionen Kilogrammkalorien! Dieser Energiebetrag müßte zugeführt werden, um einen einzigen He-Kern in vier H-Kerne zu zersprengen. Der He-Kern ist also ein ungeheuer stabiles Gebilde und infolgedessen als Materiebaustein durchaus verwendbar.

Am bedeutungsvollsten für die Fortentwicklung der

Wissenschaft sind stets nicht die Dinge gewesen, die sich besonders gut in die gegebene Theorie einordnen ließen, sondern vielmehr die Tatsachen, die der Theorie zu widersprechen schienen. Hier war dann offenbar eine Lücke vorhanden, und hier mußte also bei weiterer Forschung eingesetzt werden. Die Hypothese von der Zusammensetzung der Kerne der schwereren Atome aus Wasserstoffkernen war zu elegant, als daß man ohne weiteres auf sie hätte verzichten mögen, auch ehe sie restlos bewiesen war; andererseits war die Tatsache nicht hinweg zu leugnen, daß die Atomgewichte vieler Elemente von einer Ganzzahligkeit weit entfernt waren. Beispielsweise hat Chlor das Atomgewicht 35,46, kann also nicht aus einer ganzen Anzahl von Protonen bestehen. Man glaubte daher, daß Chlor eine Mischung zweier verschiedener Elemente und das gemessene Atomgewicht ein Mittelwert aus den Gewichten dieser beiden Grundstoffe wäre. Doch abgesehen davon, daß sich im periodischen System garnicht zwei Elemente an dieser Stelle unterbringen ließen, weil sich verschiedene Elemente durch ihre Elektronenzahl unterscheiden und die Beseitigung eines Elektrons beim Chlor auf Schwefel, die Hinzufügung auf Argon führen würde, hat sich auch in peinlichst genauen chemischen Versuchen die vollständige chemische Einheitlichkeit des Chlors und anderer Elemente, für die das gleiche zutraf, herausgestellt. Da gelang es dem Engländer Aston mit Hilfe einer von ihm als Massenspektrograph bezeichneten Apparatur einen bedeutenden Fortschritt zu erzielen.

Abb. 10 ist eine schematische Wiedergabe des Astonschen Massenspektrographen. Aus einem Kanalstrahlenbündel wird mit Hilfe zweier Blenden ein Strahl von Teilchen gleicher Richtung ausgesondert, der nun in ein elektrisches Feld eintritt. Hier werden die Teilchen nach Gl. (7)

auf S. 14 umgekehrt proportional ihrer Masse und dem Quadrat ihrer Geschwindigkeit abgelenkt. Sondert man nun mittels einer dritten Blende einen Strahl gleich stark abgelenkter Teilchen aus dem ganzen Bündel aus, so enthält er nur lauter solche, für die das Produkt $m v^2$ den gleichen Wert hat, ohne daß deshalb etwa die Geschwindigkeit v und die Masse m für sich genommen bei allen gleich wären. Dieser Strahl tritt jetzt in ein Magnetfeld M, das senkrecht auf der Flugrichtung der Teilchen steht; die Magnetpole sind also unter und über der Zeichenebene

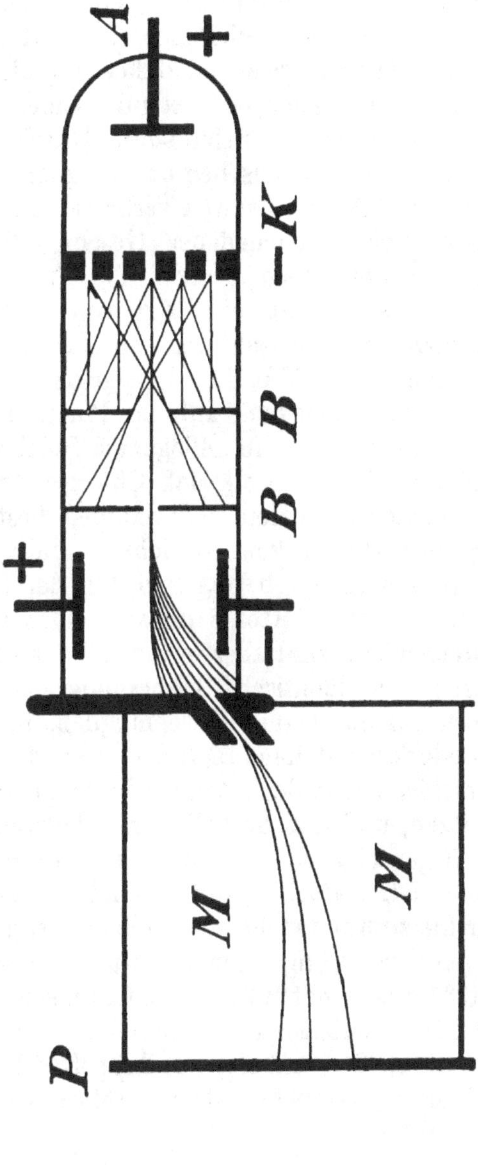

Abb. 10. Schematische Zeichnung des Massenspektrographen von Aston.

zu denken. Hier erfolgt wieder eine Ablenkung, die aber von dem Produkt $m v$ abhängig ist. Auf dieselbe Stelle der Auffangplatte P gelangen daher nur alle die Teilchen, für die neben $m v^2$ auch noch $m v$ denselben Wert hat, d. h. für die v und m einzeln gleich sind. Durch eine besondere Abstimmung des elektrischen und magnetischen Feldes konnte Aston den Apparat soweit verbessern, daß Teilchen gleicher Masse, aber verschiedener Geschwindigkeit brennpunktartig in demselben Punkte der Auffangplatte vereinigt wurden, wo sie als eine Art von „Massenspektrum“ erschienen. Eine Anzahl der von Aston erhaltenen Massenspektren ist in Abb. 11 wiedergegeben. Aus der Lage des betreffenden Fleckens auf der Platte konnte Aston nun die Masse der dorthin geflogenen Teilchen genau ermitteln. Und da zeigte es sich, daß Chlorgas tatsächlich aus zwei verschiedenen Sorten von Atomen besteht, und zwar zu 77% aus Atomen vom Gewicht 35 und zu 23% aus solchen, deren Gewicht 37 beträgt, so daß der Durchschnitt genau 35,46 ist. Diese Atome unterscheiden sich nur durch das Atomgewicht, sind aber in fast allen anderen Eigenschaften vollkommen identisch. Insbesondere ist es mit chemischen Methoden auf keine Weise möglich, irgend welche Unterschiede festzustellen. Das bedeutet, daß diese Atome trotz Verschiedenheit der Atomgewichte gleiche Kernladung besitzen, und daß deshalb ihre Elektronenhülle, die ja für die Eigenschaften des Stoffes maßgebend ist, völlig gleich gebaut ist. Natürlich sind in dem Massenspektrogramm nicht nur die zu untersuchenden Teilchen, sondern auch alle möglichen Verunreinigungen enthalten. So sind z. B. die mit 36 und 38 bezeichneten Flecke im Cl-Spektrogramm durch HCl_{35} bzw. HCl_{37} entstanden, während etwa die Flecken 17,5 und 18,5 durch Cl_{35} und Cl_{37} mit doppelter Ladung, was bei den Ablenkungsversuchen wie halbe Masse wirkt, entstanden sind.

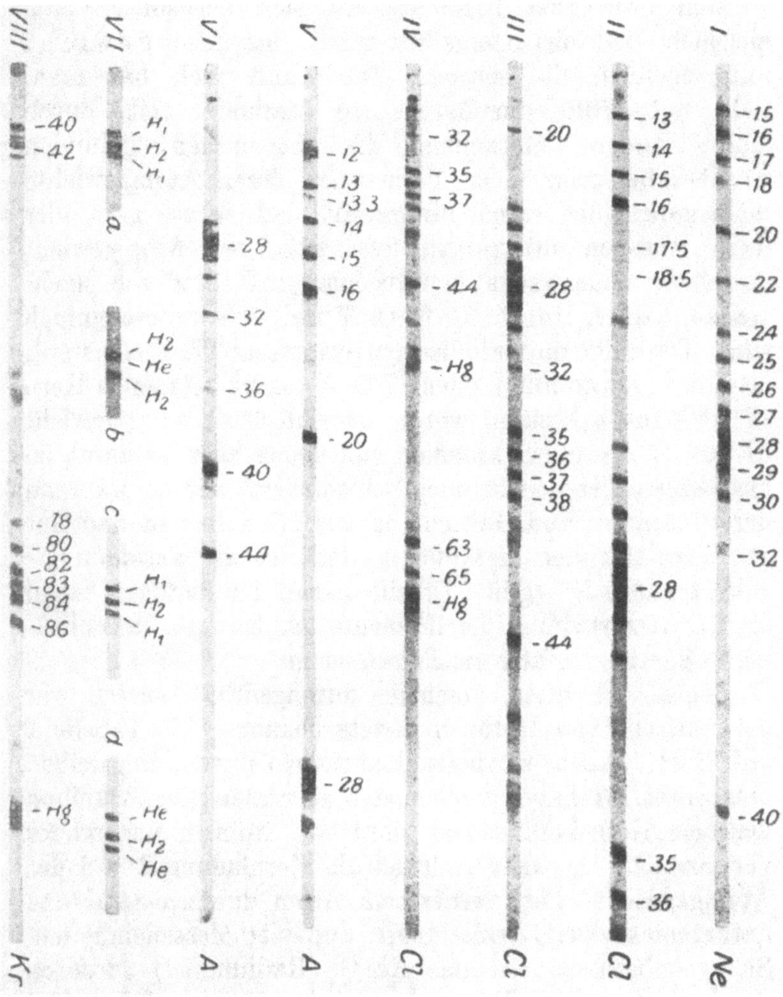

Abb. 11. **Massenspektrogramme nach Aston. Aus F. W. Aston, Isotope, Leipzig 1923, S. Hirzel.**

Man bezeichnet Elemente, die sich bei sonst völlig gleichem Bau des Atoms nur durch das Atomgewicht unterscheiden, als Isotope. Nach und nach hat man, teils mit Hilfe der Astonschen Methode, teils durch einige andere Methoden, die inzwischen gefunden wurden, bei sehr vielen Elementen, deren Atomgewichte nicht ganzzahlig waren, festgestellt, daß sie aus zwei oder mehr Isotopen mit genau ganzzahligen Atomgewicht bestehen; andererseits konnte man z. B. dadurch nachweisen, daß H, He, Be, C, N, O, F und viele andere einfach sind. Da Chlor im periodischen System an 17. Stelle steht, also im Chloratom um einen 17-fach positiv geladenen Kern 17 Elektronen kreisen, würde der Chlorkern vom Gewicht 37 aus 37 Protonen bestehen, von denen aber 20 durch 20 angelagerte Kernelektronen neutralisiert wären, während der Chlorkern vom Gewicht 35 aus 35 Protonen und nur 18 Kernelektronen bestände, so daß sich als Kernladungszahl ebenfalls 17 ergibt. Tabelle 3 zeigt den heutigen Stand in der Untersuchung der Elemente auf Isotopie einschließlich der als einfach nachgewiesenen.

Schon ehe diese Versuche durchgeführt waren, war die Existenz von Isotopen bereits bekannt. In Tabelle 1 auf S. 24. haben wir die radioaktiven Umwandlungsreihen betrachtet. Wir haben gesehen, daß die radioaktive Strahlung aus dem Kern kommt und somit das Atom in ein anderes verwandelt. Da ein α-Teilchen die Kernladung 2 und das Atomgewicht 4 hat, verliert ein Atom durch α-Strahlung naturgemäß zwei Kernladungen und vier Masseneinheiten. So geht beispielsweise das Ra G (Radiumblei) durch α-Strahlung aus dem Polonium hervor. Es hat daher zwei Kernladungen weniger als dieses und steht infolgedessen im periodischen System um zwei Stellen weiter links, d. h. an der Stelle, an der normalerweise Blei steht. Es ist dabei

Tabelle 3. Isotope.

Ordnungszahl	Element	Atomgewicht	Isotopengewichte
1	Wasserstoff .	1,008	1,008
2	Helium......	4,00	4,00
3	Lithium	6,94	6, 7
4	Beryllium ...	9,01	9
5	Bor	11,0	10, 11
6	Kohlenstoff .	12,00	12
7	Stickstoff ...	14,01	14
8	Sauerstoff ...	16,00	16
9	Fluor	19,00	19
10	Neon	20,2	20, 22
11	Natrium.....	23,00	23
12	Magnesium ..	24,32	24, 25, 26
13	Aluminium ..	27,1	27
14	Silizium	28,3	28, 29, 30
15	Phosphor ...	31,0	31
16	Schwefel	32,06	32
17	Chlor	35,46	35, 37
18	Argon	39,88	36, 40
19	Kalium	39,10	39, 41
20	Kalzium.....	40,07	40, 44
21	Scandium ...	45,1	45
22	Titan	48,1	48
23	Vanadin ...	51,0	51
24	Chrom	52,0	52
25	Mangan	54,93	55
26	Eisen	55,84	54?, 56
27	Kobalt	58,97	59
28	Nickel	58,68	58, 60
29	Kupfer	63,57	63, 65
30	Zink	65,37	64, 66, 68, 70
31	Gallium	69,72	69, 71
32	Germanium .	72,5	70, 72, 74
33	Arsen	74,96	75
34	Selen	79,2	74, 76, 77, 78, 80, 82

Ordnungs-zahl	Element	Atom-gewicht	Isotopengewichte
35	Brom	79,92	79, 81
36	Krypton	82,92	78, 80, 82, 83, 84, 86
37	Rubidium ...	85,45	85, 87
33	Strontium ..	87,63	88
39	Yttrium	88,7	89
47	Silber	107,88	107, 109
50	Zinn	118,7	116 ff. bis 122, 124
51	Wismut	121,8	121, 123
53	Jod	126,92	127
54	Xenon	130,2	124?, 126?, 128ff. bis 132, 134, 136
55	Cäsium	132,81	133
80	Quecksilber .	200,6	197 ff. bis 200, 202, 204

nicht mit dem gewöhnlichen Pb identisch, obwohl es die gleiche Kernladung und damit die gleichen chemischen Eigenschaften hat; vielmehr ist ein Bleiisotop entstanden. Sein Atomgewicht ist um vier Einheiten kleiner als das des Poloniums, aus dem es hervorging, also gleich 206, während gewöhnliches Blei das Atomgewicht 207 hat.

Entsprechendes gilt für β-Strahler. Durch Abgabe eines Elektrons erhöht sich die Ladung des Kerns um Eins, während sich das Atomgewicht nicht merklich ändert. Das Gewicht eines Elektrons liegt ohnehin unterhalb der Grenze der Genauigkeit, mit der Atomgewichtsbestimmungen durchgeführt werden können. Das Produkt einer β-Strahlung steht mithin im periodischen System um eine Stelle weiter rechts als das Ausgangsmaterial, und zwar bei unverändertem Atomgewicht. Z. B. entsteht aus dem Bleiisotop Ra B das Wismutisotop Ra C, beide mit dem gleichen Atomgewicht 214.

Tabelle 4[1]). **Radioaktive Isotope.**

At.-Gew.	I	II	III	IV	V	VI	VII	VIII	At.-Gew.
197	**Au**	—	—	—	—	—	—	—	197
200	—	**Hg**	—	—	—	—	—	—	200
204	—	—	**Tl**	—	—	—	—	—	204
206	—	—	β AcC″	RaG, AcD	—	—	—	—	206
207	—	—	—	**Pb**	—	—	—	—	207
208	—	—	β ThC″	ThD	**Bi**	—	—	—	208
210	—	—	β RaC″	β RaD, β AcB	β RaE, αβ AcC	α **Po**, α AcC′	—	—	210
212	—	—	—	β ThB	αβ ThC	α ThC′	—	—	212
214	—	—	—	β RaB	αβ RaC	α RaC′, α AcA	—	—	214
216	—	—	—	—	—	α ThA	—	—	216
218	—	—	—	—	—	α RaA	—	α Ac-Em	218
220	—	—	—	—	—	—	—	α Th-Em	220
222	—	α AcX	—	—	—	—	—	α **Ra-Em**	222
224	—	α ThX	—	—	—	—	—	—	224
226	—	α **Ra**	β **Ac**	α RdAc	—	—	—	—	226
228	—	β $MsTh_1$	$MsTh_2$	α RdTh	—	—	—	—	228
230	—	—	—	α Io, β UY	α **Pa**	—	—	—	230
232	—	—	—	α **Th**	—	—	—	—	232
234	—	—	—	β UX_1	β UX_2, UZ	αα UII	—	—	234
238	—	—	—	—	—	α UI	—	—	238

[1]) Aus A. Sommerfeld, Atombau und Spektrallinien, Braunschweig, Vieweg & Sohn A.-G.

Die radioaktiven Isotope sind in Tabelle 4 unter Angabe des Atomgewichtes noch einmal mit Rücksicht auf ihre Stellung im periodischen System zusammengestellt. Die eben besprochenen Sätze über die Stellung, die die Endprodukte eines radioaktiven Prozesses im periodischen System einnehmen, bezeichnet man als die radioaktiven Verschiebungssätze. Wir haben sie unter Kenntnis der Theorie der Kernladung eben ohne Schwierigkeit abgelesen; sie sind jedoch schon lange vor Entstehung dieser Theorie von Fajans und Soddy gefunden worden und haben im Gegenteil zur Förderung und Entwickelung dieser Theorie erheblich beigetragen.

Wir wollen in diesem Zusammenhange noch einige wenige Worte über das aktuelle Problem der Atomverwandlung und Atomzertrümmerung verlieren. Die Aufgabe, Atome in andere zu verwandeln, d. h. das künstlich hervorzurufen, was uns die Natur beim radioaktiven Prozeß vormacht, bedeutet nichts anderes als die Forderung, die Anzahl der Kernladungen zu verändern. Da sich die gewöhnlichen physikalischen und sämtliche chemischen Vorgänge immer nur an der äußersten Grenze der Elektronenhülle abspielen und mangels ausreichender Energie nicht einmal imstande sind, die etwas tiefer liegenden Elektronen zu beeinflussen, bleibt die Frage, wie man die ungeheuren Energiemengen aufzubringen hat, die notwendig sind, um nicht nur die ganze Elektronenhülle des Atoms zu durchstoßen und bis zum Kern vorzudringen, sondern darüber hinaus den Kern auch noch zu zertrümmern und Protonen und Elektronen aus ihm herauszuholen.

Solche Energiemengen können wir nur auf eine einzige Weise erhalten, nämlich wenn wir die Energie benutzen, die beim freiwilligen Atomzerfall, beim radioaktiven Prozeß, frei wird. Nur dann können wir auf einen Erfolg hoffen,

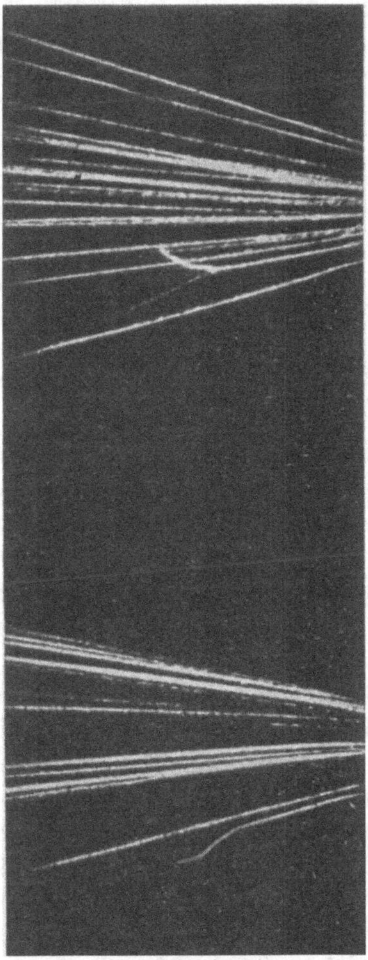

Abb. 12. Stereoskopaufnahme der Zertrümmerung eines Stickstoffkernes durch ein auftreffendes α-Teilchen. Aus „Proceedings of the Royal Society [A]", Teil 107 (1925).

wenn wir die Atome irgend eines Gases mit α-Strahlen bombardieren und versuchen, dadurch Protonen und Elektronen aus den Kernen der Gasatome herauszuschießen. Im Jahre 1919 gelang es Rutherford zum ersten Male Stickstoffkerne zu zerstören und einzelne der Atomtrümmer mit absoluter Sicherheit als Wasserstoffkerne zu identifizieren. Seitdem ist nach verschiedenen, aber auf dem gleichen Prinzip beruhenden Methoden eine große Zahl von Versuchen in dieser Richtung angestellt worden, bei denen sich außer Rutherford und seinen Schülern vor allem Kirsch und Pettersson und ihr Kreis hervorgetan haben. Die Zertrümmerbarkeit ist heute schon für eine sehr große, noch ständig wachsende Zahl von Elementen nachgewiesen.

Noch nicht völlig geklärt ist der Mechanismus des Zertrümmerungsvorganges. Es ist möglich, daß der Kern des beschossenen Atoms durch das α-Teilchen in Stücke geschossen, bzw. ein einzelnes Proton einfach herausgeschossen wird; sehr viel Wahrscheinlichkeit hat aber auch eine andere Annahme für sich, die besagt, daß das ankommende α-Teilchen nur in den Kern eindringt, und daß dieser daraufhin, weil damit sein Gleichgewichtszustand gestört ist, von selbst explodiert. Die in Abb. 12 wiedergegebene Stereoskopaufnahme der Zertrümmerung eines Stickstoffatoms scheint für diese zweite Hypothese zu sprechen. Man sieht außer einer Anzahl von α-Teilchen-Bahnen, bei denen nichts besonderes geschieht, eine Bahn, bei der das α-Teilchen auf ein Stickstoffatom auftrifft, und erkennt deutlich die Bahnen des weggestoßenen Atoms und des herausgeschossenen Protons; dagegen fehlt die Fortsetzung der Bahn des α-Teilchens, das vermutlich im Kern stecken geblieben ist. Solche direkten Photographien einer Atomzertrümmerung, wie diese von Blackett hergestellte, sind außerordentlich selten; im allgemeinen gelingt es nur, die herausgeschleuderten Protonen zu beobachten.

Wie gering allerdings bei solchen Versuchen die Ausbeute ist, kann man sich vorstellen, wenn man weiß, daß die Zahl der Gasmoleküle, die sich bei normalen Druck und normaler Temperatur in einem Kubikzentimeter befinden, ungefähr $2 \cdot 10^{19}$ beträgt, deren jedes in den meisten Fällen aus zwei und mehr Atomen besteht, während die Zahl der hineingeschossenen α-Teilchen, wie die Abb. 5, 8 und 12 zeigen, leicht zu zählen ist. Der Prozentsatz an zertrümmerten Atomen in solch einem Gasraum ist daher unglaublich gering, zumal ja auch durchaus nicht etwa jedes α-Teilchen trifft; an die Herstellung von wägbaren Mengen umgewandelter Atome ist auf diesem Wege nicht zu denken.

Doch ist dies vorläufig die einzige Möglichkeit, den Atomkernen die zu ihrer Zertrümmerung ausreichende Energie zuzuführen.

§ 5. Der lichtelektrische Effekt und die Quantenhypothese.

Als im Jahre 1887 der deutsche Physiker Heinrich Hertz einen Einfluß des Lichtes auf die elektrische Entladung gefunden hatte, konnte er nicht ahnen, daß diese Entdeckung ein vollständig neues Wissensgebiet erschloß, das in der Zukunft einen gewaltigen Einfluß auf die ganze Entwickelung der modernen Physik ausüben sollte. Seine Entdeckung veranlaßte Hallwachs, der unerklärlichen Erscheinung experimentell weiter nachzugehen, er fand, daß eine mit Licht bestrahlte Metallplatte sich positiv auflud. Dieser Effekt war um so deutlicher, je violetter, d. h. je kurzwelliger das benutzte Licht war. Natürlich hing der Effekt auch von dem verwendeten Material ab, war aber bei verschiedenen Metallen nur quantitativ, nicht qualitativ verschieden.

Lenard erkannte, daß es sich hier um eine Korpuskularstrahlung handeln müsse, die er als lichtelektrische oder photoelektrische Kathodenstrahlen bezeichnete. Durch einen noch nicht aufgeklärten Mechanismus war es offenbar möglich, aus den Metallatomen durch Bestrahlung mit Licht einzelne Elektronen herauszulösen. In der Tat ergab sich bei der Bestimmung des spezifischen Ladung der gleiche Wert wie bei den Kathodenstrahlen; nur war die Geschwindigkeit ganz erheblich kleiner, d. h. rund ein Zehntel von der der Kathodenstrahlen. Solange sich im Verbande des einzelnen Atoms noch gerade so viel Elektronen befanden, daß die positive Ladung des Kerns kompensiert wurde, war das Atom nach außen hin ungeladen.

In dem Augenblick, wo einige der negativen Elektronen herausgeschleudert wurden, mußte die positive Kernladung überwiegen, und die Metallfolie erschien nach außen hin positiv geladen.

Bei der Beobachtung dieses lichtelektrischen Effektes machte Lenard nun folgende merkwürdige Entdeckung. Die Geschwindigkeit und damit die kinetische Energie der ausgesandten Elektronen war vollständig unabhängig von der Intensität der auftreffenden Strahlung. Verstärkte man die Beleuchtung, so wurden zwar entsprechend mehr Elektronen ausgesandt, aber ihre Geschwindigkeit blieb genau die gleiche. Diese hing vielmehr von der Farbe des verwendeten Lichtes ab; langwelliges rotes Licht erteilte den Elektronen eine so geringe Geschwindigkeit, daß sie bei den meisten Metallen in der Oberfläche stecken blieben, blaues und violettes Licht wirkte erheblich intensiver, und das noch viel kurzwelligere Röntgenlicht erzielte noch entsprechend größere Geschwindigkeiten. Während man also nach den üblichen Vorstellungen erwarten mußte, daß die Energie der ausgesandten Korpukularstrahlen mit der Intensität der Bestrahlung zunahm, erwies sie sich in Wirklichkeit als völlig unabhängig davon und zeigte statt dessen eine ausgesprochene Abhängigkeit von der Frequenz [1]) des Lichtes. Dieser nach klassischen Theorien unverständliche Vorgang lieferte die Brücke zu der auf anderem Gebiet entstandenen Quantentheorie.

Hatte man bisher bei jedem physikalischen Geschehen eine kontinuierliche Mannigfaltigkeit stationärer Zustände für möglich gehalten, so sah man sich jetzt gezwungen, nur noch eine diskrete Reihe von Einzelzuständen zuzulassen. Es liegt hier ein ähnlicher Vorgang vor, wie wir

[1]) Frequenz $(\nu) = \frac{\text{Fortpflanzungsgeschwindigkeit } (c)}{\text{Wellenlänge } (\lambda)}$ (vgl. S. 71).

ihn erlebt haben, als man an die Stelle der kontinuierlich verteilten Materie den aus Atomen aufgebauten Körper und an die Stelle der kontinuierlich verteilten elektrischen Ladung die Elektronen setzte.

Die Veranlassung dazu gaben Strahlungsmessungen von Lummer und Pringsheim, die dem bis dahin für allgemein gültig gehaltenen Wienschen Strahlungsgesetz widersprachen, und die Max Planck zur empirischen Aufstellung eines anderen Strahlungsgesetze sführten, dessen theoretische Erklärung zunächst nicht möglich war. Erst auf Grund einer völlig neuartigen Hypothese gelang es Planck, sein Strahlungsgesetz zu begründen; er forderte nämlich, daß Strahlungsenergie nur in ganzen Vielfachen eines Elementarquantums $\varepsilon = h\nu$ absorbiert und emittiert werden könne, wo ν die Schwingungszahl pro Sekunde der auffallenden Strahlung, und h eine Konstante ist, die sich zu $6{,}55 \cdot 10^{-27}$ ergsec ergab. Diese Hypothese, die einen kühnen Eingriff in die ganze klassische Denkweise bedeutet, und die mit die größte Umwälzung, die die Physik je erlebt hat, hervorrufen sollte, bezeichnet man als die Quantenhypothese.

Wir haben oben gesehen, daß Bestrahlung auf einer Metallplatte eine positive elektrische Ladung hervorruft, also Elektronen daraus entfernt, und daß dieser lichtelektrische Effekt umso stärker ist, je kurzwelliger die auffallende Strahlung, d. h. je größer ihre Schwingungszahl ν ist. Die Einsteinsche Gleichung

$$(1) \qquad \tfrac{1}{2} m v^2 = h\nu - P$$

in der m die Masse des Elektrons, v seine Geschwindigkeit bedeutet, besagt, daß die kinetische Energie des aus dem Metall abgelösten Elektrons gleich dem aus der Strahlung aufgenommenen Energiequantum, vermindert um die Ablösungsarbeit P ist. Auch hierin drückt sich also das

Energieprinzip aus; ein Teil der absorbierten Strahlungsenergie wird zur Ablösung des Elektrons verbraucht, der Rest findet sich in seiner Bewegungsenergie wieder. Die Einsteinsche Gleichung zeigt, daß es für jedes Metall eine bestimmte kleinste Schwingungszahl

$$\nu_0 = \frac{P}{h} \tag{2}$$

gibt, die sogenannte langwellige Grenze, für die ein lichtelektrischer Effekt überhaupt noch möglich ist. Ist $\nu = \nu_0$, so reicht die auffallende Energie gerade noch zur Ablösung des Elektrons, nicht aber mehr zu weiterem Fortschleudern aus; ist ν kleiner, so genügt die Energie auch nicht einmal mehr zur Ablösung. Der Effekt ist also umso stärker, je kurzwelliger das auffallende Licht ist, und reißt bei Verkleinerung der Schwingungszahl an der Stelle $\nu = \nu_0$ plötzlich ab.

Da die Bewegungsenergie des Elektrons durch Energieverluste irgend welcher Art im Metall stets nur vermindert, nie aber vermehrt werden kann, ergibt die Einsteinsche Gleichung nicht etwa einen mittleren Wert für die Bewegungsenergie der austretenden Elektronen, sondern vielmehr den überhaupt möglichen Höchstwert. Mißt man also die Geschwindigkeit der herausgeschleuderten Elektronen und damit ihre Bewegungsenergie, so wird man stets nur kleinere Werte, als die Einsteinsche Gleichung verlangt, nie aber größere finden.

Etwas anders, nämlich einfacher, liegt die Sache im Röntgengebiet. Betrachten wir die durch Röntgenstrahlen ausgelösten Elektronen, die sekundären Kathodenstrahlen, so zeigt sich, daß ihre Bewegungsenergie $\frac{1}{2} m v^2$, die nach Gleichung (4) auf S. 13 gleich $e V$ ist, einfach den Wert $h \nu$ besitzt. Das kommt daher, daß die Schwingungszahlen der Röntgenstrahlen so groß sind, daß die Ablösungsarbeit P gegenüber der Energie $h\nu$ der Röntgenwelle vollkommen verschwindet und deshalb in der Einsteinschen Gleichung ohne weiteres gleich Null gesetzt werden kann. Die Emission sekundärer Kathodenstrahlen gehorcht also der Beziehung

$$(3) \quad eV = h\nu$$

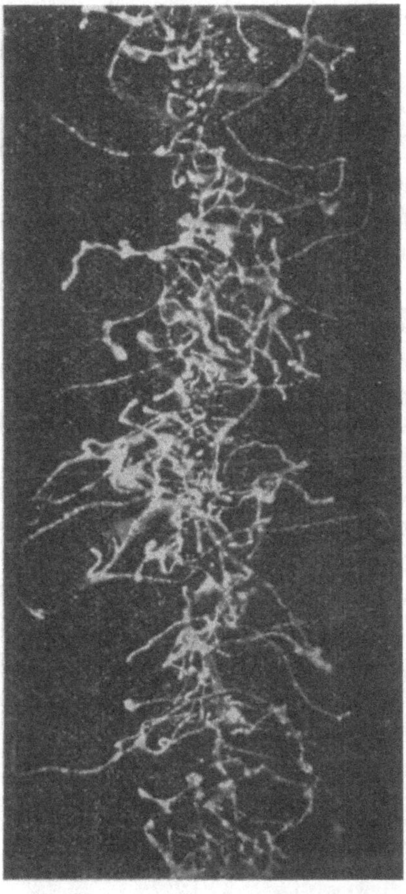

Abb. 13. Wilsonaufnahme von durch Röntgenstrahlen ausgelösten sekundären Kathodenstrahlen.
Aus „Jahrbuch der Radioaktivität und Elektronik" Band 10, Leipzig 1913, S. Hirzel.

Auffällig am lichtelektrischen Effekt ist die schon oben diskutierte Tatsache, daß die Bewegungsenergie der weggeschleuderten Elektronen von der Intensitä- des eingestrahlt ten Lichtes überhaupt nicht abhängt. Macht man sich aber die Tatsache klar, daß die Strahlungsenergie in einzelnen Quanten absorbiert und durch jedes Quantum gerade ein Elektron herausgeschleudert wird, so leuchtet ein, daß die Intensität der Strahlung nur die Zahl der ausgelösten Elektronen bestimmt, mit der Geschwindigkeit des einzelnen Elektrons aber überhaupt nichts zu tun hat.

Wir haben hier zum ersten Male einen Fall von Wechselwirkung zwischen Licht-, d. h. Wellenstrahlung einerseits und Korpuskularstrahlung andererseits quantitativ behandelt und durch Gleichung (3) dargestellt. Ein solcher Fall ist uns schon vorgekommen, ohne daß wir auf die Einzelheiten näher eingegangen sind. Wir haben oben erwähnt, daß beim Auftreffen primärer Kathodenstrahlen die Glaswand der Röhre leuchtet. Diese grüne „Fluoreszenz" des Glases ist eine Sekundärerscheinung, hervorgerufen durch andere Strahlen, die uns eben jetzt interessieren. Um diese zu analysieren, benutzt man in der Praxis eine Röhre, wie sie in Abb. 14 schematisch dargestellt ist. Die Kathode K pflegt als Hohlspiegel ausgebildet zu sein, so daß die Kathodenstrahlen auf einen bestimmten Punkt AK der Röhre hin zentriert werden, in den man dann die sogenannte Antikathode bringt. Diese besteht aus dem zu untersuchenden Material. Die Lage der Anode ist gleichgültig. Von der Antikathode gehen dann Strahlen aus, die nach ihrem Entdecker W. C. Röntgen (1895) heute allgemein als Röntgenstrahlen bezeichnet werden. Diese Strahlen, die außerordentlich durchdringend sind und deshalb zu den bekannten Durchleuchtungsversuchen benutzt werden, werden weder durch elektrische Ladungen, noch durch den Magneten abgelenkt. Schon hieraus geht hervor, daß es sich nicht um Korpuskularstrahlung, sondern um Wellenstrahlung, d. h. Lichtstrahlung, handelt; das entscheidende Experiment des Nachweises von Interferenz und Beugung wird erst später zu besprechen sein. Dabei werden wir dann auch den Einfluß des Materials zu behandeln haben, aus dem die Antikathode besteht. Ferner werden sich daraus Methoden zur Messung ihrer Wellenlängen ergeben, mit deren Hilfe festgestellt werden konnte, daß der Unterschied der

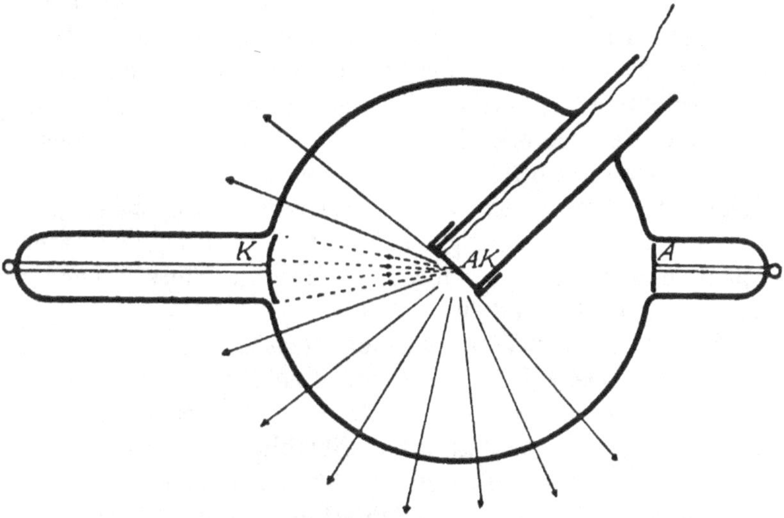

Abb. 14.
Aus Hahn, Grundriß der Physik, Teil II. 4. Auflage. Leipzig 1926, B. G. Teubner.

Röntgenstrahlen gegenüber gewöhnlichen Lichtwellen in einer erheblich kleineren Wellenlänge, d. h. einer erheblich größeren Frequenz besteht.

Den Mechanismus der Entstehung von Wellenstrahlung durch Kathodenstrahlen hat man sich so vorzustellen, daß das Kathodenstrahlteilchen, das Elektron, beim Aufprall auf die Antikathode seine Energie eV an das Atom, auf das es prallt, abgibt. Dadurch wird das Atom, wie man zu sagen pflegt, „angeregt". Auf Grund klassischer Vorstellungen kann man dabei daran denken, daß es zu Schwingungen oder dgl. angeregt wird; wie auf der Grundlage quantentheoretischer Gesichtspunkte die Anregung zu verstehen ist, werden wir im nächsten Kapitel sehen. Jedenfalls nimmt das Atom eine gewisse Energiemenge auf und ist damit imstande, sie in Form von Strahlung wieder abzugeben. Die ausgestrahlte Energie $h\nu$ muß mithin gleich der vom Elektron abgegebenen eV sein, woraus sich wieder die Beziehung (3) ergibt. Je nachdem also die Kathodenstrahlen schneller oder langsamer sind, wird die Frequenz ν der erzeugten Strahlung größer oder kleiner sein und wird daher bei langsamen Kathodenstrahlen (auf deren Erzeugung hier nicht einzugehen ist) ins Gebiet des sichtbaren Spektrums, bei den schnellen in der Röntgenröhre erzeugten ins Röntgengebiet fallen.

Soweit ist der Vorgang ganz verständlich; es ist nur eine Folge des Prinzips von der Erhaltung der Energie, wenn wir die vom stoßenden Elektron abgegebene Energie als Energie der ausgesandten Strahlung wieder finden. Weit mehr Schwierigkeiten macht der umgekehrte Vorgang, der bei dem oben geschilderten Photoeffekt bzw. bei der ihm absolut äquivalenten Erzeugung sekundärer Kathodenstrahlen durch Röntgenlicht stattfindet. Lichtwellen breiten sich bekanntlich kegelförmig in den Raum hinaus aus. Ihre Energie müßte also umso mehr „verdünnt" sein, je weiter entfernt vom Entstehungszentrum wir den lichtelektrischen Effekt stattfinden lassen. Tatsächlich gehorcht er jedoch genau der Einsteinschen Gleichung (1) bzw. bei Röntgenlicht der Gleichung (3), insofern als Licht einer bestimmten Frequenz unabhängig von der Entfernung stets die zugehörige Geschwindigkeit der erzeugten Kathodenstrahlen bedingt. Es macht also den Eindruck, als ob auch die Energie der Wellenstrahlung in jedem Augenblick in ganz bestimmten Raumpunkten konzentriert sei und dort Energiepakete von der Größe $h\nu$ bilde, die projektilartig auftreffend die Auslösung der Photoelektronen bewirken.

Diese Dualität in der Auffassung des Lichtes auf Grund der Wellentheorie einerseits, die allein imstande ist, Polarisation, Interferenz und Beugung zu erklären, und der Lichtquantenhypothese, zu der man durch den Photoeffekt geführt wird, andererseits soll hier nicht näher erörtert werden; das Problem ist erst durch die Quantenmechanik gelöst worden, deren Behandlung einem besonderen Bändchen dieser Sammlung vorbehalten ist.

In diesem Zusammenhange soll noch eine andere Erscheinung gestreift werden, die auch erst neueren Datums ist, und da sie nur mit Hilfe der Lichtquantentheorie erklärbar ist, als experimentum crucis für diese angesehen wurde.

Wenn nach klassischen Vorstellungen eine Welle auf schwingungsfähige Gebilde auftrifft, so wird vollständige Resonanz und damit größte Intensität dann eintreten, wenn der getroffene Körper in genau derselben Frequenz wie die Welle schwingen kann. Die Resonanz wird um so schwächer sein, je weiter die Schwingungszahlen voneinander verschieden sind, und wird bereits bei geringen Unterschieden in der Frequenz der Welle und des getroffenen Körpers praktisch völlig verschwinden. Ferner wird dieser Effekt qualitativ gleich bleiben, gleichgültig unter welchem Winkel zur Einfallsrichtung der Strahlen wir beobachten. Zwar wird die Gesamtintensität um so größer sein, je mehr die Beobachtungsrichtung mit der Einfallsrichtung zusammenfällt, und um so kleiner, je mehr wir uns der Senkrechten nähern; doch wird die relative Verteilung der Intensität auf die einzelnen Wellenlängen von der Richtung, in der wir das seitwärts gestreute Licht beobachten, nicht abhängen. Das heißt, vom Streuwinkel hängt nur die Intensität, nicht aber die Frequenz der Streustrahlung ab.

Anders nach der Lichtquantenhypothese. Trifft ein Lichtquant im Punkte O (Abb. 15) auf ein ruhendes Elektron, so findet ein elastischer Zusammenstoß statt, bei dem nach den Regeln der Mechanik die Energie, sowie der Impuls erhalten bleiben müssen. Es seien φ der Winkel, unter dem das Elektron ϑ der Winkel, unter dem das

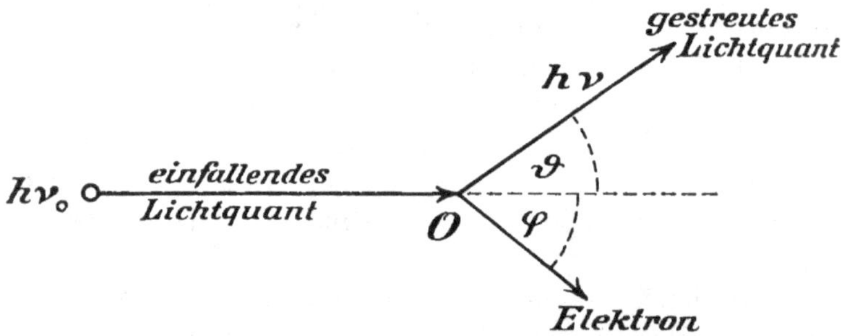

Abb. 15. Streuung beim Comptoneffekt.

Lichtquant nach dem Stoß wegfliegen, v die Geschwindigkeit des Elektrons nach dem Zusammenprall und ν_0 bzw. ν die „Frequenz" des Lichtquants vor bzw. nach dem Stoß, so ist die Energie des Lichtquants vorher $h\,\nu_0$ und — da seine Geschwindigkeit die Lichtgeschwindigkeit c ist — sein Impuls $\frac{h\,\nu_0}{c}$. Der Energie- und der Impulssatz lauten dann

$$(4)\qquad \begin{cases} h\,\nu + \frac{1}{2}\,m\,v^2 = h\,\nu_0 \\ \frac{h\,\nu}{c}\,\sin\vartheta + m\,v\,\sin\varphi = 0 \\ \frac{h\,\nu}{c}\,\cos\vartheta + m\,v\,\cos\varphi = \frac{h\,\nu_0}{c} \end{cases}$$

woraus nach Elimination von v und φ, den nicht weiter interessierenden Daten des Elektrons, folgt

$$(5) \qquad \nu = \frac{\nu_0}{1 + \frac{2 h \nu_0}{m c^2} \sin^2 \frac{\vartheta}{2}}$$

oder, wegen

$$(6) \qquad \nu = \frac{c}{\lambda}$$

$$(7) \qquad \lambda = \lambda_0 + \frac{2 h}{m c} \sin^2 \frac{\vartheta}{2}$$

Die Wellenlänge der Streustrahlung ist danach abhängig vom Streuwinkel ϑ; sie ist z. B. für $\vartheta = 90^0$:

$$(7a) \qquad \lambda = \lambda_0 + \frac{h}{m c}$$

Überdies ist die Änderung der Wellenlänge von dieser selbst unabhängig.

In dem Diagramm Abb. 16 ist der Mittelpunkt des

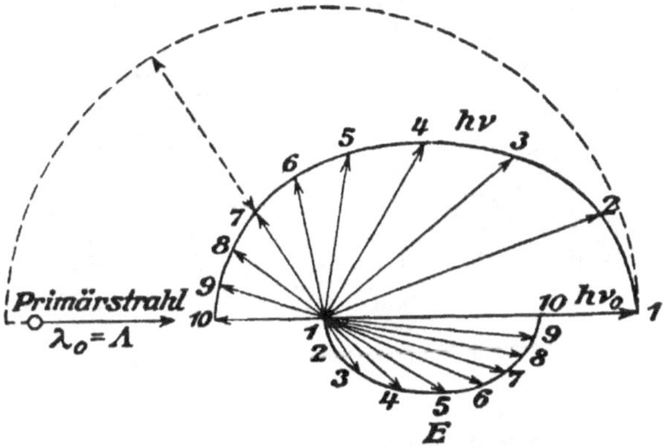

Abb. 16. Diagramm zum Comptoneffekt.
Aus H. Westphal, Physik, Julius Springer, Berlin.

(gestrichelten) Kreises mit dem Radius $h\nu_0$ der Punkt O der Abb. 15. Die von hier nach oben gehenden Pfeile entsprechen der Streustrahlung; ihre Länge zeigt die Größe des Streuquants $h\nu$, ihre Richtung ist jeweils durch den zugehörigen Winkel ϑ gegeben. Die nach unten gerichteten Pfeile bezeichnen in der gleichen Weise Energie und Richtung des Elektrons, und zwar so, daß die oben und unten mit gleicher Nummer bezeichneten Vektoren zusammengehören. Ihre Summe ist selbstverständlich dem Energiesatz [erste Gleichung in (4)] entsprechend gleich $h\nu_0$, wie in der Abbildung am Beispiel der Vektoren 7 noch einmal besonders deutlich gemacht ist.

Das Experiment hat, wie in allen Fällen, bei denen es sich um die Wechselwirkung zwischen Strahlung und

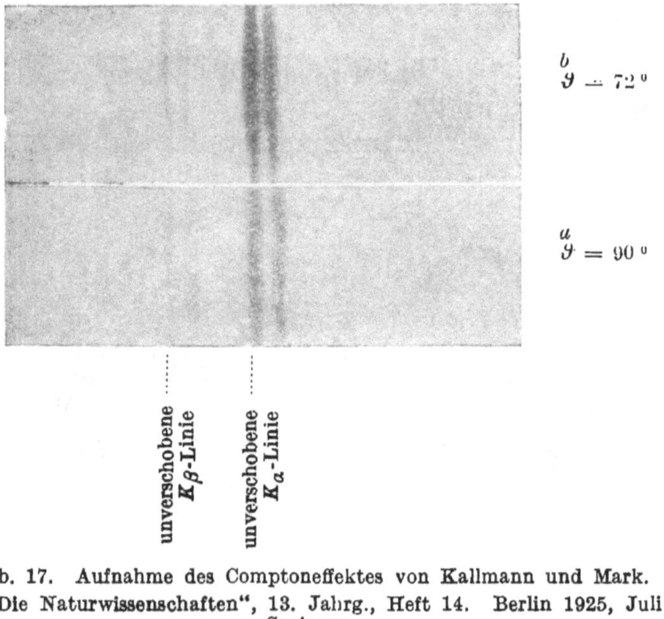

Abb. 17. Aufnahme des Comptoneffektes von Kallmann und Mark. Aus „Die Naturwissenschaften", 13. Jahrg., Heft 14. Berlin 1925, Julius Springer.

Materie handelt, zugunsten der Quantentheorie entschieden. Der Effekt wird nach seinem Entdecker, dem Engländer A. H. Compton als Comptoneffekt bezeichnet. Abb. 17 ist eine sehr schöne Aufnahme des Comptoneffektes von Kallmann und Mark, bei der man rechts neben den ursprünglichen Linien die verschobenen sieht. Die ursprüngliche Linie ist dadurch mit auf die Platte gekommen, daß Licht natürlich nicht nur an Elektronen, sondern auch an Atomen und Molekülen seitwärts gestreut wird. Deren Masse ist jedoch, wie man sich durch Ausrechnen leicht überzeugt, viel zu groß, als daß bei ihnen das zweite Glied der rechten Seite von (7) eine Rolle spielen könnte.

§ 6. Die Grundbegriffe der Quantentheorie[1]).

Wir wollen jetzt an die Formulierung der quantentheoretischen Ansätze für allgemeinere mechanische Systeme gehen, wobei wir allerdings vorausschicken, daß wir die Theorie nur gerade so weit entwickeln werden, wie wir sie im folgenden brauchen. Insbesondere müssen wir auf die allgemeine Behandlung bedingt periodischer Systeme verzichten und den daran interessierten Leser auf Spezialwerke verweisen.

Unter den verschiedenen Formen der mechanischen Bewegungsgleichungen zeichnet sich die Hamiltonsche oder kanonische Form dadurch aus, daß sie für ganz beliebige Koordinaten, ob damit nun Strecken, Winkel oder sonstige Größen gemeint sind, gilt und beim Über-

[1]) Es ist für das folgende notwendig, von den Grundregeln der analytischen Mechanik Gebrauch zu machen. Da es im Rahmen dieses Bändchens nicht möglich ist, sie abzuleiten, müssen wir den damit etwa nicht vertrauten Leser bitten, diese Dinge entweder in dem entsprechenden Bändchen dieser Sammlung nachzulesen oder aber auf die Verfolgung der Rechnung in manchen Einzelheiten zu verzichten und sich mit den Resultaten zu begnügen.

gang von einem Koordinatensystem zu einem anderen erhalten bleibt.

Es seien E_{kin} und E_{pot} die kinetische und die potentielle Energie des Systems und W die (konstante) Gesamtenergie. q_k seien die Koordinaten, d. h. irgend welche Variablen des Systems, wobei der Index k die Werte 1, 2, 3 . . . f durchläuft, wenn f die Anzahl der Freiheitsgrade ist. Zu jeder Variablen q_k wird ein kanonisch konjugierter „Impuls" p_k definiert durch

$$(1) \qquad p_k = \frac{\partial E_{kin}}{\partial \dot{q}_k}$$

wobei der Punkt die Differentiation nach der Zeit t bedeutet. Die Gesamtenergie können wir dann statt als Funktion der Koordinaten und Geschwindigkeiten als Funktion der Koordinaten und Impulse schreiben und bezeichnen sie als Hamiltonsche Funktion:

$$(2) \qquad H(q_1 \ldots q_f, p_1 \ldots p_f) = E_{kin} + E_{pot}$$

Der Energiesatz nimmt dadurch die Form

$$(3) \qquad H(q, p) = W$$

an. Die kanonische Form der Bewegungsgleichungen lautet dann:

$$(4) \qquad \begin{cases} \dfrac{dq_k}{dt} = \dfrac{\partial H}{\partial p_k} \\[2ex] \dfrac{dp_k}{dt} = -\dfrac{\partial H}{\partial q_k} \end{cases}$$

Insbesondere folgt aus der zweiten Gleichung, daß, wenn die Energie von einer der Koordinaten nicht abhängt, der zugehörige Impuls konstant ist.

Die $2f$ Größen p_k, q_k bestimmen in jedem Augenblick den Zustand des Systems vollständig. Stellt man sich diese Größen als kartesische Koordinaten eines $2f$-dimensionalen Raumes, des sogenannten Phasenraumes, vor, so koinzidiert das System in jedem Augenblick mit einem bestimmten Punkt in diesem Raume. Die Folge der Punkte, mit denen das System sich im Laufe der Zeit deckt, bezeichnet man als Phasenbahn des Systems. Diese Bezeichnung ist deshalb möglich, weil die p_k und q_k als mechanische Größen sich nur stetig ändern können und deshalb die Phasenbahn wirklich eine stetig zusammenhängende eindimensionale Linie im $2f$-dimensionalen Raume ist.

Besonders übersichtlich werden die Verhältnisse bei Systemen von nur einem Freiheitsgrad. Hier gibt es nur eine Koordinate und einen zu ihr kanonisch konjugierten Impuls; der Phasenraum ist zweidimensional, mithin eine Ebene.

Wir betrachten einen Massenpunkt, der elastisch so an seine Ruhelage gebunden ist, daß er sich nur in einer Richtung herausbewegen kann und dann einer seiner Elongation x proportionalen rücktreibenden Kraft unterliegt. Indem wir die Proportionalitätskonstante bereits zweckentsprechend benennen, lautet die Differentialgleichung der Bewegung

$$m\ddot{x} + 4\pi^2\nu^2 mx = 0$$

$$\ddot{x} = -4\pi^2\nu^2 x$$

mit der Lösung

$$x = a \sin (2\pi\nu t + \delta)$$

Beginnen wir die Zählung in der Ruhelage $x = 0$, so können wir die Phasenkonstante δ fortlassen und

$$x = a \sin 2\pi\nu t \tag{5}$$

schreiben. Wir erhalten also lineare harmonische Schwingungen um die Ruhelage und sprechen deshalb von einem linearen harmonischen Oszillator.

Setzen wir

(6) $$x = q = a \sin 2\pi\nu t$$

so ist

$$E_{kin} = \frac{1}{2} m\dot{x}^2 = \frac{1}{2} m\dot{q}^2$$

und nach (1)

(7) $$p = m\dot{q} = 2\pi\nu a m \cos 2\pi\nu t$$

Mit der Abkürzung

(8) $$b = 2\pi\nu a m$$

ergibt sich durch Elimination von t

(9) $$\frac{q^2}{a^2} + \frac{p^2}{b^2} = 1$$

als Gleichung der Phasenbahn, also eine Ellipse in der Phasenebene.

Die ursprüngliche, oben erwähnte Fassung der Planckschen Quantenhypothese war die, daß solche Oszillatoren Energie nur in ganzen Vielfachen eines Energiequantums $\varepsilon = h\nu$ emittieren und absorbieren sollten. Ihre Energie W kann daher auch nur ein ganzzahliges Vielfaches dieses Quantums sein, also

(10) $$W = n\varepsilon = nh\nu$$

Wir berechnen W, das ja konstant ist, am bequemsten für den Zeitpunkt $t = 0$, weil dann die potentielle Energie null ist. $\dot{x}$ wird dabei gleich $2\pi\nu a$ und

(11) $$W = \frac{m}{2}(2\pi\nu a)^2 = 2\pi^2\nu^2 a^2 m = ab\pi\nu$$

Wir schließen durch Vergleich von (11) mit (10), daß die von der Phasenbahn umschlossene Fläche $ab\pi$ ein ganzzahliges Vielfaches der Planckschen Konstanten h sein muß:

(12) $$ab\pi = nh$$

und daß daher die Fläche der Phasenebene, die zwischen zwei möglichen Phasenbahnen liegt, gerade die Größe h hat. Diese Aussage wollen wir als die eigentliche Quantenbedingung betrachten. Eine nähere Erläuterung gibt Abb. 18. Die quantenmäßig erlaubten Ellipsen folgen so aufeinander, daß die dazwischen liegenden Ellipsenringe gerade den Flächeninhalt h haben. Als Formel geschrieben lautet die eben ausgesprochene Quantenbedingung

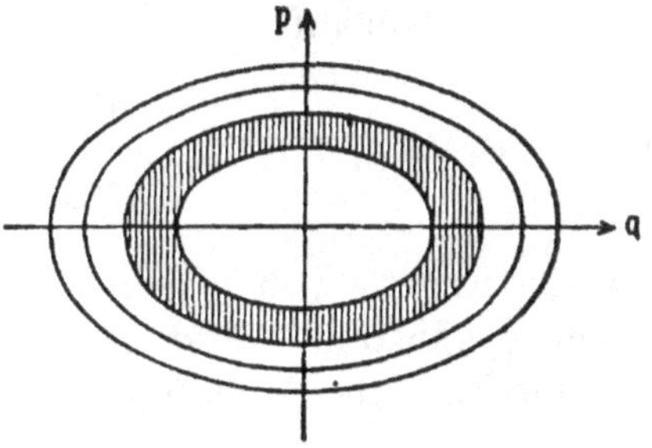

Abb. 18. Phasenbahnen des harmonischen Oszillators. Aus A. Sommerfeld, 'Atombau und Spektrallinien, 4. Auflage. Braunschweig 1924, Vieweg & Sohn.

$$J = \oint p\,dq = nh \tag{13}$$

Der Kreis am Integralzeichen bedeutet, daß das Integral über die ganze n-te Phasenbahn, d. h. über den vollen Wertebereich der Koordinate q zu erstrecken ist. Ein solches Integral J bezeichnet man als Phasenintegral.

Wir behaupten also, daß der Punkt, der das System in der Phasenebene darstellt, an ganz bestimmte ausgezeichnete Phasenbahnen gebunden ist, die diskret liegen und aus der nach klassischen Überlegungen möglichen kontinuierlichen Mannigfaltigkeit von Bahnen durch die Bedingung (13) ausgesondert werden, in der n eine ganze Zahl bedeutet.

Wir behandeln nunmehr das zweite der beiden klassisch gewordenen Beispiele, den Rotator, einen ohne Wirkung einer äußeren Kraft auf einem festen Kreise vom Radius r umlaufenden Massenpunkt. Seine Energie ist

$$E_{kin} = \frac{1}{2} m r^2 \dot{\varphi}^2$$

wo φ der Umlaufswinkel ist. Wir setzen

$$\varphi = q$$

und erhalten

(14) $$p = m r^2 \dot{q}$$

Da die Energie von q selbst nicht abhängt, sind nach (4) p und $\dot{q}$ konstant. p ist übrigens, wie man aus (14) sieht, der mechanische Drehimpuls. Wegen der Konstanz von p ist die Phasenbahn eine gerade Linie, die parallel zur q-Achse verläuft, also keine in sich zurücklaufende Kurve (Abb. 19). Trotzdem ist nach dem oben Gesagten ohne weiteres klar, was als Fläche zwischen zwei Phasenbahnen zu gelten hat. Der volle Wertebereich von q ($= \varphi$) hat den Umfang 2π, dann wiederholt sich der mechanische Vorgang; man kann ihn etwa von $-\pi$ bis $+\pi$ reichend annehmen. Als Flächen, deren Größe h betragen soll, gelten dann die Rechtecke von der Breite 2π zwischen je zwei Phasenbahnen $p = \text{const.}$ In analytischer Form schreibt sich die Quantenbedingung (13) jetzt

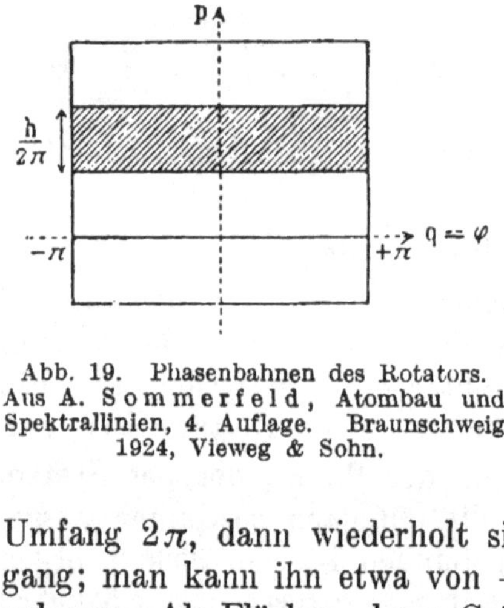

Abb. 19. Phasenbahnen des Rotators. Aus A. Sommerfeld, Atombau und Spektrallinien, 4. Auflage. Braunschweig 1924, Vieweg & Sohn.

(15) $$J = \int_{-\pi}^{+\pi} p\,dq = nh$$

was wegen $p = \text{const}$ in

(16) $$\begin{cases} 2\pi p = nh \\ p = \dfrac{nh}{2\pi} \end{cases}$$

übergeht. Beim Rotator ist also nicht die Energie, sondern das Impulsmoment zu quanteln. Wir werden alle diese Dinge im dritten Kapitel noch genauer kennen lernen.

Es bleibt nun noch die Frage, wie man bei mehreren Freiheitsgraden zu verfahren hat. Wir müssen dann nicht eine Bedingung (13) oder (15), sondern f verschiedene erwarten, nämlich eine für jeden Freiheitsgrad, und haben demgemäß anzusetzen:

(17) $$\begin{cases} J_k \equiv \oint p_k dq_k = n_k h \\ \text{mit } k = 0, 1, 2 \ldots . f. \end{cases}$$

Der Inhalt dieses Paragraphen geht in der Hauptsache auf Arbeiten von Planck und von Sommerfeld zurück.

2. Kapitel.

Die Bohrsche Theorie des Wasserstoffspektrums.

§ 7. Das Spektrum als Grundlage der Atomforschung.

Seit Bunsens und Kirchhoffs klassischen Versuchen hat sich die Spektralanalyse zu einem der wertvollsten Mittel der wissenschaftlichen Forschung entwickelt. Läßt man das von einem leuchtenden Gegenstand ausgesandte Licht auf ein Prisma fallen, so wird es in ein sogenanntes Spektrum auseinandergezogen. Für unser Auge ist nur

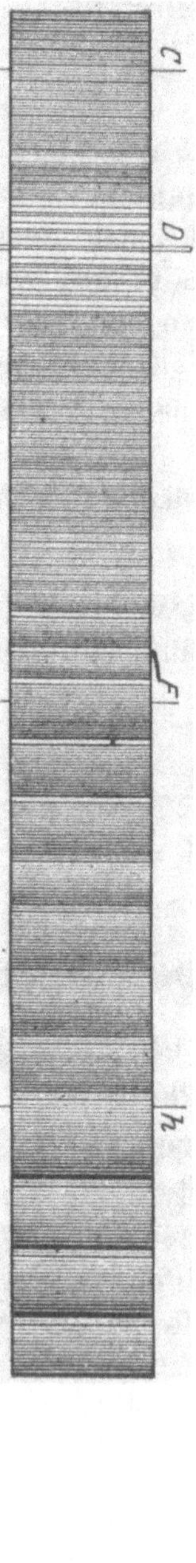

Abb. 20. Bandenspektrum.

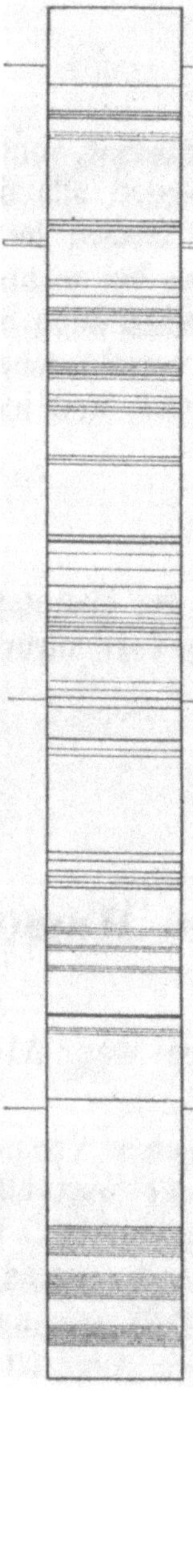

Abb. 21. Linienspektrum.

Aus Kramers u. Holst, Das Atom u. die Bohrsche Theorie seines Baues, Berlin 1925, J. Springer.

ein kleiner Teil des Spektrums wahrnehmbar, der die Wellenlängen von 400 bis 800 mμ (1 mμ = ein Millionstel Millimeter) enthält. Die photographische Platte z. B. ist für einen erheblich größeren Spektralbereich empfindlich und gestattet, einen großen Teil des ultravioletten Spektrums unterhalb von 400 mμ und des ultraroten oberhalb von 800 mμ aufzunehmen. Das Spektrum eines glühenden festen Körpers erfüllt lückenlos einen mehr oder minder großen Teil des Spektrums, während die grundsätzlich ganz anders gearteten Spektren der Gase mit Ausnahme gewisser kontinuierlicher Gebiete aus einzelnen, im allgemeinen scharf voneinander getrennten Linien bestehen. Man hat dabei zwei Arten von Spektren zu unterscheiden. Die Linien können in ganzen Linienkomplexen, den sogenannten Banden (vgl. Abb. 20), dicht nebeneinander liegen; die Ursache dieser Bandenspektren ist das Molekül. Dem gegenüber stehen die eigentlichen Linienspektren, die aus isolierten Linien bestehen (vgl. Abb. 21), und die durch das Atom hervorgerufen werden. Mit ihnen werden wir es im folgenden allein zu tun haben. So sind die relativ einfachen Linienspektren die direktesten und unkompliziertesten Daseinsäußerungen der Atome selbst, und jeder Versuch, den Bau der Atome zu enträtseln, muß daher einerseits von diesen Atomspektren ausgehen und andererseits zu einer Theorie führen, die das Zustandekommen dieser Spektren zwanglos aus dem Bau der Atome heraus erklärt.

Naturgemäß wird eine jede wissenschaftliche Forschung mit den einfachsten Fällen beginnen, um dann allmählich zu den schwereren Fällen vorzuschreiten. Es ist darum nur natürlich, daß die atomphysikalische Forschung ihren Ausgangspunkt vom Wasserstoffatom nahm, das das leichteste und in seinem Aufbau einfachste Atom ist. Das Spektrum des Wasserstoffs und die sogenannten wasserstoffähnlichen Spektren der Atome, die in ihrem Bau dem Wasserstoffatom ähnlich sind, bestehen aus einzelnen Linien, die untereinander durch ganz bestimmte Gesetzmäßigkeiten verbunden sind. Die ersten vier Linien des optischen Wasserstoffspektrums waren bereits in den Anfangsjahren der Spektralanalyse bekannt. Wir nennen sie heute H_α, H_β, H_γ, H_δ. Diese vier Linien haben die Wellenlängen 6564,60, 4862,68, 4341,68 und 4102,88 AE[1]). Sie erstrecken sich vom roten bis zum blauen Ende des Spektrums. Jedoch auch jenseits der vierten Linie, nicht mehr im

[1]) 1 AE (Ångströmeinheit) = $^1/_{10}$ mμ.

optischen, sondern im ultravioletten Teil, sind weitere Linien in großer Anzahl gefunden worden, die zu derselben Serie wie die ersten vier Linien gehören. Nimmt man diese Linien noch hinzu, so wird der Aufbau einer solchen Serie klar. Eine Spektralserie besteht aus einer — theoretisch unendlich großen — Anzahl von Linien, die sich in einem ganz bestimmten Bezirk des Spektrums befinden. Eine der Linien, in diesem Falle H_α, begrenzt die Serie nach der langwelligen Seite. Je weiter wir nach dem kurzwelligen Ende des Spektrums gehen, um so mehr rücken die Linien näher aneinander. Dieses Aneinanderrücken geschieht nicht willkürlich, sondern nach einer ganz bestimmten mathematisch formulierbaren Gesetzmäßigkeit. Ebenso wie etwa die Zahlenreihe $\left(1-\frac{1}{4}\right)$, $\left(1-\frac{1}{9}\right)$, $\left(1-\frac{1}{16}\right)$, $\left(1-\frac{1}{25}\right)$...... usw. die Zahl 1 nie erreicht, aber ihr doch immer näher kommt, nähern sich auch die Linien einer Serie immer mehr einer idealen Seriengrenze.

§ 8. Die Ritz-Balmersche Serienformel.

Die Spektralanalyse hatte sich jahrzehntelang damit begnügt, die Spektren der verschiedenen Elemente, oder wie wir heute vielleicht besser sagen, der verschiedenen Atomsorten, festzustellen und eine außerordentlich große Zahl von Spektrallinien zu messen, d. h. ihren Platz im Spektrum genau anzugeben. Sie wußte also, daß ein bestimmtes Element die und die Linien ausstrahlt, und das genügte, um jederzeit dieses Element an seinem Spektrum wiederzuerkennen. Die Gesetzmäßigkeit des Spektrums blieb der Spektroskopie aber lange verschlossen. Endlich glückte es im Jahre 1885 dem Baseler Mittelschullehrer J. J. Balmer als erstem, den Schleier dieses Geheimnisses zu lüften. Wieder war es das Wasserstoffspektrum, an dem durch Balmer zuerst eine bestimmte Gesetzmäßigkeit festgestellt werden konnte. Es gelang ihm, eine Formel aufzustellen, die für alle Linien der oben besprochenen Wasserstoffserie gleichzeitig gilt. Bezeichnen wir die Wellenlänge der betreffenden Spektrallinie mit λ, ihren reziproken Wert $\frac{1}{\lambda}$, d. h. die Zahl der auf 1 cm entfallenden Wellenlängen, die Wellenzahl, mit ν, so kann man die berühmte Balmerformel folgendermaßen schreiben:

$$\nu = \frac{1}{\lambda} = R\left(\frac{1}{2^2} - \frac{1}{m^2}\right)$$

Hierin bedeutet

$R = 109\,677{,}7 \text{ cm}^{-1}$

die sogenannte Ryd-

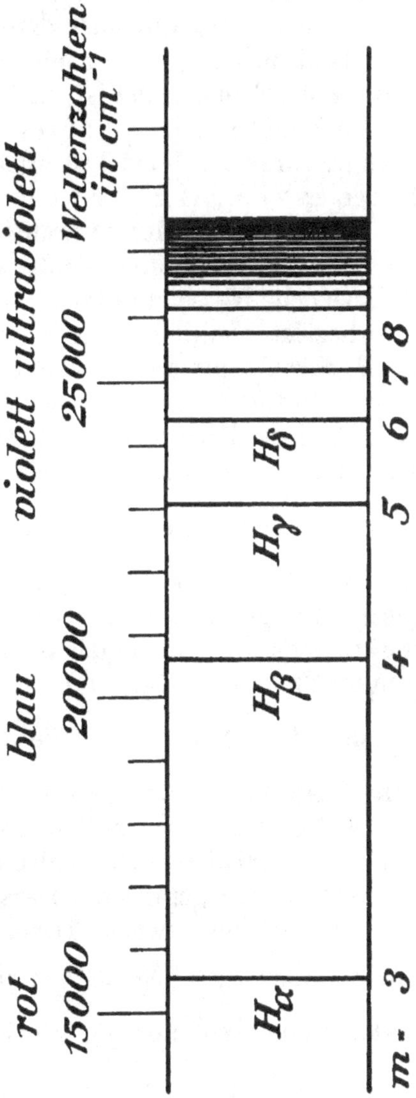

Abb. 22. Balmerserie des Wasserstoffspektrums.

bergkonstante, eine Zahl, die in der gesamten Spektroskopie wiederkehrt, und über deren Bedeutung wir später noch ausführlicher sprechen müssen. Das Wesentliche an der Balmerschen Formel ist, daß sie sämtliche Linien der Wasserstoffserie auf einmal darstellt. Setzt man in ihr für m den Wert 3, so erhält man die Schwingungszahl der ersten Linie H_α, setzt man $m = 4$, so ergibt sich die Schwingungszahl der zweiten Linie H_β usf. Balmer hatte also entdeckt, indem er die spektroskopischen Daten der einzelnen Wasserstofflinien miteinander verglich, daß es möglich ist, aus ihnen eine bestimmte Zahl, nämlich die Zahl R, auszuklammern, und daß man dann in der Lage ist, die sämtlichen Linien gemeinsam in einer einfachen arithmetischen Formel darzustellen. Die Balmerformel enthält also zwei gleichartig gebaute Ausdrücke, oder wie der Spektroskopiker sagt, „Terme“, nämlich $\frac{R}{2^2}$ und $\frac{R}{m^2}$. Der erste Term ist der sogenannte konstante Term, er bezeichnet gleichzeitig die Schwingungszahl der Seriengrenze; denn wenn wir in der Balmerformel $m = \infty$ setzen, um in ihr die letzte mögliche Linie zu bezeichnen, so bleibt, da $\frac{1}{\infty}$ den Wert Null hat, für die Seriengrenze nur der konstante Term übrig. Der zweite Term der Balmerformel wird, weil er von Linie zu Linie einen anderen Wert annimmt, der variable oder Laufterm genannt. Wir werden später sehen, daß gerade die Darstellung der Linien einer Serie als Differenz zweier Terme besonders wichtig ist.

Wir wollen hier sogleich anmerken, daß man in der Spektroskopie nicht nur die Wellenzahl $\frac{1}{\lambda}$, d. h. die Anzahl der Wellenlängen pro cm, sondern auch die Schwingungszahl $\frac{c}{\lambda}$, d. h. die Anzahl der Schwingungen pro Sekunde ($c = 3 \cdot 10^{10} \frac{\text{cm}}{\text{sec}}$ ist die Fortpflanzungsgeschwindigkeit des Lichtes), mit ν zu bezeichnen pflegt. Eine Verwechselung ist indessen nicht zu befürchten, da beide Größen dimensionell verschieden sind; die Wellenzahl wird in cm^{-1}, die Schwingungszahl in sec^{-1} gemessen. Entsprechend tritt natürlich in der Balmerformel, wenn man unter ν nicht mehr die Wellen-, sondern die Schwingungszahl versteht, an die Stelle der Rydbergkonstanten $R = 109\,677{,}7\ \text{cm}^{-1}$ die Rydbergfrequenz $R = 3 \cdot 10^{10} \cdot 109677{,}7 = 3290{,}33 \cdot 10^{12}\ \text{sec}^{-1}$.

Der nächste Fortschritt in der Klärung der sich in der Spektroskopie äußernden Naturgesetze war die Aufstellung des sogenannten Kombinationsprinzips durch W. Ritz (1908). Wir können es in einer vorläufigen Formulierung folgendermaßen angeben: Gesetzt, wir haben zwei Linien desselben Elementes dargestellt, jede durch zwei Terme, etwa die erste durch die Differenz $A-B$ und die zweite durch $C-D$, so können wir häufig neue Linien finden, indem wir die vier einzelnen Terme nunmehr in anderer Weise miteinander kombinieren. Ist z. B. $A = \frac{R}{2^2}$, $B = \frac{R}{4^2}$, $C = \frac{R}{1^2}$, $D = \frac{R}{3^2}$, und haben wir die Linien

$$A - B = R\left(\frac{1}{2^2} - \frac{1}{4^2}\right)$$

$$C - D = R\left(\frac{1}{1^2} - \frac{1}{3^2}\right)$$

gefunden, so sind auch die Kombinationen

$$C - A = R\left(\frac{1}{1^2} - \frac{1}{2^2}\right), \quad A - D = R\left(\frac{1}{2^2} - \frac{1}{3^2}\right),$$

$$C - B = R\left(\frac{1}{1^2} - \frac{1}{4^2}\right), \quad D - B = R\left(\frac{1}{3^2} - \frac{1}{4^2}\right)$$

Linien desselben Elementes. Eine besonders wichtige Schlußfolgerung des Kombinationsprinzips war also die Voraussage, daß sich im Spektrum des Wasserstoffs noch andere Serien finden lassen müßten, bei denen der konstante Term nicht $\frac{R}{2^2}$, sondern etwa $\frac{R}{1^2}$ oder $\frac{R}{3^2}$, wie in unserem Beispiel, ist. Tatsächlich sind diese Serien auch gefunden worden. Es gelang F. Paschen im ultraroten Teil des Spektrums eine Reihe starker Linien aufzufinden, deren Wellenlängen genau den vorausberechneten Werten entsprachen, und die der Serienformel

$$\nu = R\left(\frac{1}{3^2} - \frac{1}{m^2}\right) \qquad (m = 4, 5, 6, 7 \ldots.)$$

gehorchten. Die Serie

$$\nu = R\left(\frac{1}{1^2} - \frac{1}{m^2}\right) \qquad (m = 2, 3, 4, 5 \ldots.)$$

wurde von Th. Lyman gleichfalls genau an den vorausberechneten Stellen im äußersten Ultraviolett gefunden. Die Serie mit der Grenze $\frac{R}{4^2}$ wurde von F. S. Brackett gemessen. Es hat sich überdies herausgestellt, daß nicht nur die Linien, deren Schwingungszahlen sich durch die allgemeinere Ritz-Balmer-Formel

$$\nu = R\left(\frac{1}{n^2} - \frac{1}{m^2}\right)$$

darstellen lassen, tatsächlich vorkommen, sondern daß auch keine anderen Linien vorhanden sind, die der Formel nicht gehorchen. Wie großartig die Übereinstimmung zwischen den berechneten und den gemessenen Worten ist, zeigt die folgende Tabelle[1]):

Tabelle 5. **Wasserstoffspektrum.**

m	$R\left(\frac{1}{4} - \frac{1}{m^2}\right) = \nu$ (berechnet)	$\nu = \frac{c}{\lambda}$ (gemessen)	λ (gemessen)
3	$R(\frac{1}{4} - \frac{1}{9}) = 456{,}995 \cdot 10^{12}$	$456{,}996 \cdot 10^{12}$	656,460 $m\mu$ H_α
4	$R(\frac{1}{4} - \frac{1}{16}) = 616{,}943 \cdot 10^{12}$	$616{,}943 \cdot 10^{12}$	486,268 „ H_β
5	$R(\frac{1}{4} - \frac{1}{25}) = 690{,}976 \cdot 10^{12}$	$690{,}976 \cdot 10^{12}$	434,168 „ H_γ
6	$R(\frac{1}{4} - \frac{1}{36}) = 731{,}192 \cdot 10^{12}$	$731{,}193 \cdot 10^{12}$	410,288 „ H_δ
20	$R(\frac{1}{4} - \frac{1}{400}) = 814{,}365 \cdot 10^{12}$	$814{,}361 \cdot 10^{12}$	368,307 „

Damit war zunächst einmal die Gesetzmäßigkeit gewisser Spektren bekannt geworden. Man wußte, welchen Gesetzen die Spektrallinien des Wasserstoffatoms gehorchten. Aber man konnte nicht erklären, welche Bedeutung diesen Gesetzen, die man ohne jede theoretische Ableitung lediglich aus der Erfahrung gefunden hatte, zukam, welcher tiefere Sinn ihnen zugrunde lag. Die geheimnisvolle Ursache dieser Gesetze aufzuklären, war nun Aufgabe der Atomphysik. Das heißt, die Physik begann, sich aus den vorliegenden Erfahrungen heraus eine Vorstellung über den Aufbau eines Atoms zu machen. Sie konnte annehmen, ein mit der Wirklichkeit übereinstimmendes Modell gefunden zu haben, wenn man daraus sämtliche vorliegenden Erfahrungen leicht und zwanglos erklären konnte.

[1]) Aus Kramers-Holst, l. c., S. 50.

§ 9. Das Rutherfordsche Atommodell und seine Schwierigkeiten.

Aus der Zahl der Atommodelle, die die Frühzeit der Atomphysik brachte, ist nur eines als Vorläufer der heutigen Bohrschen Theorie wichtig geworden, das von Rutherford, das wir in § 3 kennengelernt haben. Danach ist ein Atom ähnlich konstituiert, wie ein Planetensystem. In der Mitte befindet sich der positiv geladene Kern, in dem fast die ganze Masse des Atoms konzentriert ist, und um ihn herum fliegen in Kreisen oder Ellipsen die dazu gehörigen Elektronen, wie die Planeten um die Sonne. Nach der elektromagnetischen Theorie senden Elektronen, wenn sie sich im Raume fortbewegen und dabei die Größe oder Richtung ihrer Geschwindigkeit ändern, elektromagnetische Wellen aus. Rutherford nahm an, daß die den Kern umkreisenden Elektronen — bei deren Kreisbewegung die Richtung ja in jedem Augenblick geändert wird — dabei die Wellen emittieren, die wir dann im ultraroten, im sichtbaren und im ultravioletten Teil des Spektrums als jene Linien wiederfinden, die wir aus der Spektroskopie kennen. Warum aber z. B. das Wasserstoffatom gerade die Serien ausstrahlt, die der Balmerformel gehorchen, war aus diesem Atommodell nicht ersichtlich. Dazu kam noch, wie man sofort einsehen mußte, daß diese Modellvorstellung nicht richtig sein konnte, weil ein so konstituiertes Atom überhaupt nicht stabil war. Das um den Kern fliegende Elektron muß auf seiner Kreisbahn gerade eine solche Geschwindigkeit haben, daß die dabei auftretende Zentrifugalkraft der anziehenden Kraft des Kerns genau das Gleichgewicht hält. Wenn nun dieses Elektron Licht ausstrahlen würde, so würde es — da ja auch Licht eine Energieform ist und nach dem Satz von der Erhaltung der Energie diese ausgestrahlte Energie nicht neu geschaffen werden kann —

dauernd Energie verlieren, so daß das Gleichgewicht zwischen anziehender Kraft und Zentrifugalkraft dauernd zu ungunsten der zweiten gestört werden würde. Dann aber könnte das Elektron nicht auf seiner Kreisbahn verharren, sondern würde sich in einer Spirale dem Kern nähern und schließlich in den Kern hineinstürzen. Gleichzeitig würde sich die Umlaufszeit des Elektrons um den Kern verändern. Da die Zahl der Umläufe in der Sekunde die Schwingungszahl der ausgestrahlten Lichtwelle sein sollte, so würde die Frequenz der ausgesandten Strahlung dauernd steigen. Das Licht jedes einzelnen Atoms würde durch den ganzen Bereich des Spektrums von einer bestimmten Stelle an bis ins ultraviolette und ins Röntgengebiet hineinwandern. Da wir stets eine große Zahl von Atomen beobachten, so wären in jedem Augenblicke Atome mit jeder möglichen Frequenz vorhanden, so daß wir ein ganz kontinuierliches Spektrum beobachten würden. Nie und nimmer aber würde das Spektrum aus diskreten Linien bestehen können. Auch daraus, daß die Stoffe im allgemeinen ihre physikalische und chemische Natur nicht ändern, ja daraus, daß die physikalischen und chemischen Eigenschaften der Stoffe den Forscher überhaupt auf die Idee einer atomistischen Struktur der Materie bringen konnten, müssen wir folgern, daß die Atome stabil sind.

§ 10. Die quantentheoretische Auffassung von der Ursache der Strahlung.

Die Annahme, daß Elektronen, die in einer Kreisbahn fliegen, elektromagnetische Wellen aussenden, deren Schwingungszahl identisch ist mit der Umlaufszahl des Elektrons auf dieser Kreisbahn, ist ein Ergebnis der sogenannten „klassischen“ elektromagnetischen Theorie. Diese war aber schon früher von einer anderen Seite her durchbrochen worden, und zwar durch die Plancksche Quantenhypothese, von der wir in § 5 gesprochen haben. Sie sagte aus, daß ein Atom Energie nur in ganzzahligen Vielfachen eines Elementarquantums $h\nu$ emittieren und absorbieren könne. Beim lichtelektrischen Effekt wird ein solches Energiequantum $h\nu$ von einem Metallatom aufgenommen und kommt als kinetische Energie des aus dem Atomverbande herausgelösten Elektrons wieder zum Vorschein. Auch dann, wenn die absorbierte Strahlungsenergie zum Ablösen eines Elektrons nicht ausreicht, wird sie in jedem Falle eine Umlagerung innerhalb des Atoms hervorrufen. Das Atom geht dann aus einem energieärmeren Anfangszustande mit der Energie W_a in einem energiereicheren Endzustand mit der Energie W_e über derart, daß gerade

$$W_e - W_a = h\nu$$

ist. Entsprechend gilt für einen optischen Emissionsvorgang, bei dem das Atom unter Abgabe von Strahlung aus einem energiereicheren Zustand W_a in einen energieärmeren W_e übergeht, die Bezeichnung

$$W_a - W_e = h\nu$$

Diese Bedingung, die den Zusammenhang zwischen Atom und Strahlung vermittelt, und die in dieser Form zuerst von Niels Bohr ausgesprochen wurde, nennt man die Bohrsche Frequenzbedingung.

Nimmt man erst einmal an, daß ein Atom nur ganze Energiequanten emittieren oder absorbieren könne, so ist es nur ein ganz kleiner Schritt bis zu der Forderung, daß das Atom allgemein nur einzelne ausgezeichnete Energiewerte besitzen könne, daß aber die dazwischenliegenden nicht möglich sind. Befindet sich also ein Atom in seinem Normalzustande, im sogenannten Grundzustand, so wird es aus ankommender Strahlung, in der alle möglichen

Schwingungszahlen ν vertreten sind, gerade diejenigen absorbieren, die geeignet sind, es in einen seiner anderen möglichen Zustände zu versetzen, d. h. für die $h\nu$ gerade gleich der Energiedifferenz zwischen dem angeregten Zustand und dem Grundzustand ist. Aus einem durch ein Gas hindurchgehenden Spektrum werden also gerade alle die Spektralfarben herausgesiebt werden, für die $h\nu$ gleich möglichen Energiedifferenzen der Gasatome ist, während alle anderen ungehindert hindurchgehen. Beim Austritt aus dem Gas zeigt dann das Spektrum dunkle Linien an den betreffenden Stellen, die man als Absorptionsspektrum des Gases bezeichnet.

Sind andererseits durch Lichtabsorption oder andere Vorgänge die Gasatome in einen Anregungszustand geraten, so werden sie spontan in den Grundzustand zurückfallen, indem sie den Energieüberschuß als Strahlung abgeben, Sie werden jetzt genau dieselbe monochromatische Strahlung aussenden, die sie vorher absorbiert haben. Während also das Absorptionsspektrum aus einer Reihe dunkler Spektrallinien auf hellem Grunde bestand, besteht das Emissionsspektrum aus hellen Linien auf dunklem Grunde, die aber an genau denselben Stellen liegen.

Das große Verdienst von Niels Bohr besteht darin, das Rutherfordsche Atommodell mit der Quantentheorie vereinigt zu haben. Die Bohrsche Theorie behauptet: Für jedes Atom gibt es eine Anzahl bestimmter Zustände (stationäre Zustände genannt), in denen das Atom besteht, ohne Energie auszustrahlen. Jeder dieser stationären Zustände ist von den anderen durch einen anderen Energieinhalt des Systems unterschieden. Geht das Atom von einem stationären Zustand in den anderen über, so wird sein Energieinhalt größer bzw. geringer.

§ 11. Das Bohrsche Modell des Wasserstoffatoms.

Es ist klar, daß sich Bohr mit seiner Theorie in direkten Gegensatz zur klassischen Elektronentheorie gestellt hat. Z. B. haben wir beim Wasserstoff nach den Rutherfordschen Annahmen einen positiven Kern, um den ein einziges negativ geladenes Elektron rotiert. Für jedes Atom sind dabei unzählige Kreisbahnen möglich, die sich durch ihren Radius unterscheiden. Auf allen Bahnen strahlt es, und zwar gerade die Schwingungszahl, die gleich der Zahl seiner Umläufe pro Sekunde ist. Dagegen sagt die Bohrsche Theorie, daß sich unter diesen unendlich vielen Bahnen eine Anzahl — die der stationären Zustände — befindet, auf denen das Elektron bei seiner Bewegung keine elektromagnetischen Wellen aussendet. Da es auf diesen Bahnen keine Bewegungsenergie verliert, kann es beliebig lange darauf verweilen, ohne in den Kern zu stürzen. Es strahlt erst dann, wenn es die Bahn verläßt, um auf eine andere, ebenfalls stationäre überzuspringen; die ausgestrahlte Frequenz hängt dann nicht mehr mit der Umlaufzeit des Elektrons auf seiner Bahn, sondern mit dem Energieunterschied zwischen zwei stationären Zuständen zusammen.

Um uns das Bohrsche Modell des Wasserstoffatoms zu verdeutlichen, betrachten wir die Abb. 23. In ihr bezeichnet der Punkt in der Mitte den positiv geladenen Kern. Der Einfachheit halber wollen wir zunächst über die Ellipsenbahnen nicht sprechen, sondern uns mit den Kreisbahnen begnügen. Von den unendlich vielen möglichen Kreisbahnen sind in der Figur sechs, die mit den Zahlen von 1—6 bezeichnet sind, angedeutet, und zwar sollen das gerade solche Kreisbahnen sein, auf denen sich das Elektron nach Bohr bewegen kann, ohne auszustrahlen. Der erste stationäre Zustand wäre also der, bei dem sich das Elektron auf dem innersten Kreis bewegt. Bei dem zweiten stationären Zustand läuft es auf dem zweiten Kreis usw. Eine Kreisbahn, die etwa zwischen zwei stationären Zuständen verliefe, ist nicht möglich, denn das Elektron würde auf ihr immer wieder Energie verlieren müssen. Der Kreis Nr. 1,

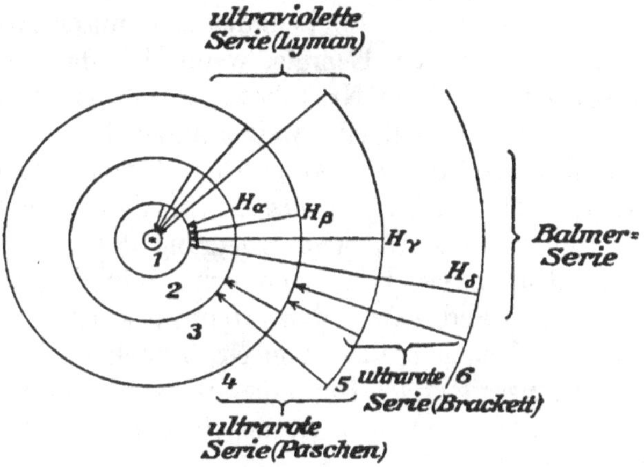

Abb. 23. Bohrsche Kreisbahnen im Wasserstoffatom.
Aus A. Sommerfeld, Atombau und Spektrallinien, Braunschweig, Vieweg & Sohn.

der innerste, bezeichnet den energieärmsten Zustand des Atoms. Das vom Kern angezogene Elektron befindet sich in einer ähnlichen Situation wie etwa ein Stein, der der Anziehungskraft der Erde unterworfen ist. Wenn wir den Stein in die Höhe heben und auf einen Tisch legen, so müssen wir beim Heben Arbeit leisten. Der Energievorrat, den wir dabei auf den Stein übertragen, wird in ihm aufgespeichert. Wir brauchen ihn nur fallen zu lassen, um diesen Energievorrat wieder frei zu machen, der fallende Stein kann wiederum Arbeit in gleichem Betrage leisten, z. B. einen Nagel in den Fußboden treiben. Der gehobene Stein enthält daher mehr „potentielle“ Energie, als der auf dem Boden liegende. Je höher wir den Stein heben, d. h. je weiter wir ihn vom Erdmittelpunkt entfernen, desto größer wird die dazu notwendige Arbeitsleistung und der in dem Stein aufgehobene Energievorrat. Der energieärmste Zustand des Steines ist also der, bei dem er dem Erdmittelpunkt am nächsten ist. So befindet sich unser Atom in dem Zustand niedrigster Energie, wenn sich das Elektron auf der stationären Bahn Nr. 1 bewegt, die dem Kern am nächsten ist. Um es auf eine weiter außen liegende Bahn zu heben, also das Atom in den zweiten, dritten stationären Zustand usw, zu versetzen, müssen wir ihm Energie zuführen. Und umgekehrt, beim Übergang des Atoms vom zweiten in den ersten, bzw. vom dritten in den zweiten oder ersten Zustand usw. (d. h. wenn das Elektron aus dem Kreis Nr. 2 nach 1, bzw. von Nr. 3 nach 2 oder 1 fällt usw.), wird Energie frei. Der innerste Kreis repräsentiert also den Normalzustand des Atoms, in dem es kein Licht ausstrahlen kann.

Wenn wir das Elektron vom Kern ganz abreißen, d. h. es so weit von ihm entfernen, bis seine auf das Elektron ausgeübte Anziehungskraft unmerklich klein geworden ist, bleibt der Kern allein zurück, und wir haben dann das Wasserstoff*ion* vor uns. Der ionisierte Zustand der Materie, wie er uns z. B. bei der Elektrolyse entgegentritt, wird ja dadurch charakterisiert, daß den ionisierten Atomen oder Molekülen ein oder mehrere Elektronen zum Normalzustand fehlen. Da das Wasserstoffatom im Normalzustand (wie wir vorläufig annehmen und später genauer zeigen werden) überhaupt nur ein Elektron besitzt, so ist das ionisierte Wasserstoffatom eben der Kern allein. Um das Wasserstoffatom zu ionisieren, d. h. das Elektron aus einer der in der Nähe des Kerns befindlichen Kreisbahnen auf eine andere, vom Kern unendlich weit entfernte zu heben, müssen wir dem Atom wiederum Energie zuführen. Und zwar wollen wir den Energiebetrag, der nötig ist, um das Elektron vom Kern abzulösen und ins Unendliche zu versetzen, W_1 nennen, wenn das Elektron sich vorher im Kreise Nr. 1 befand, W_2, wenn es vorher im Kreise Nr. 2 war usf. W_n ist also die Größe, die man in der physikalischen Chemie als die Ionisationsarbeit des Atoms im n-ten Quantenzustande bezeichnet. Dabei ist der Energiebetrag W_2 natürlich kleiner als W_1; denn es erfordert weniger Arbeit, das Elektron zu entfernen, wenn es bereits im zweiten Zustande war. Ebenso ist W_3 noch kleiner als W_2 usw.

Wir bilden nun die Differenz zweier solcher Energiebeträge, z. B. $W_2 - W_3$. Das ist der Energieunterschied zwischen den stationären Zuständen Nr. 2 und Nr. 3. Dieser Energiebetrag muß also aufgebracht werden, um das Elektron aus dem Kreise Nr. 2 in den Kreis Nr. 3 zu heben und wird wieder frei, wenn das Elektron aus dem Kreis 3 in den Kreis 2 zurückfällt. Wird diese Energieänderung, und wir wollen jetzt allein diese Fälle betrachten, dabei durch Absorption oder Emission von Licht verursacht, so können wir nach der Bohrschen Frequenzbedingung die Schwingungszahl des dabei absorbierten oder emittierten Lichtes angeben. Fassen wir allgemein zwei beliebige Quantenzustände des Atoms ins Auge, von denen wir den energieärmeren, der also weiter nach innen zu liegt und die größere Ionisationsarbeit besitzt, mit der Nummer n, den energiereicheren äußeren mit der kleineren Ionisationsarbeit mit der Nummer m bezeichnen, so ist ihr Energieunterschied

$$W_n - W_m$$

und die beim Übergang ausgestrahlte Frequenz

$$\nu = \frac{W_n - W_m}{h}$$

§ 12. Der Term als Energieniveau.

Die Bohrsche Frequenzbedingung leistet also bereits das, was andere Erklärungsversuche vor ihr nicht leisten konnten, sie stellt uns in der Form

$$\nu = \frac{W_n}{h} - \frac{W_m}{h}$$

die ausgesandte Frequenz dar als Differenz zweier gleichartig gebauter Ausdrücke, die wir infolgedessen als Terme bezeichnen können. Vergleichen wir die Frequenzbedingung in der eben angegebenen Form mit der Balmerformel

$$\nu = \frac{R}{n^2} - \frac{R}{m^2}$$

so erkennen wir deutlich die große Ähnlichkeit zwischen ihnen. Es liegt die Vermutung nahe, daß die Ausdrücke $\frac{W_n}{h}$ und $\frac{R}{n^2}$ überhaupt identisch sind, zumal da die Zahl n in beiden Fällen eine ganze Zahl bedeutet. In der Frequenzbedingung ist n die Nummer des betreffenden stationären Zustandes, in dem sich das Atom befindet, wenn seine Energie W_n ist, wenn wir also den untersten Zustand mit Nr. 1, die folgenden mit Nr. 2, Nr. 3 usw. bezeichnen. In der Balmerformel ist n als ganze Zahl empirisch bestimmt. Gelingt es nun noch nachzuweisen, daß der Bohrsche Term $\frac{W_n}{h}$ auch zahlenmäßig mit dem Balmerterm $\frac{R}{n^2}$ übereinstimmt, so ist damit die theoretische Erklärung der

Serienformel gegeben. Wir müssen also zeigen, daß die Energie W_n eines stationären Zustandes des Atoms, als Funktion einer ganzen Zahl n, der Quantenzahl, dargestellt, die Form $\frac{Rh}{n^2}$ annimmt.

Das Elektron mit der Ladung $-e$ und der Masse m_0 bewege sich mit der Winkelgeschwindigkeit ω auf einer Kreisbahn vom Radius a um den Kern mit der Ladung $E = Z \cdot e$. Soll es sich auf dieser Bahn im Gleichgewicht befinden, also weder nach innen fallen, noch nach außen weggeschleudert werden, so müssen die Coulombsche Anziehungskraft des Kerns und die Zentrifugalkraft gerade einander gleich sein. Es gilt also

$$m_0 a \omega^2 = \frac{e \cdot E}{a^2}$$

oder

$$(1) \qquad m_0 a^3 \omega^2 = eE$$

Nach der Quantenbedingung für den Rotator [Gl. (14) und (16) in § 6] sollte der Drehimpuls $p = m_0 v \cdot a = m_0 a^2 \omega$ ein ganzzahliges Vielfaches von $\frac{h}{2\pi}$ sein:

$$(2) \qquad m_0 a^2 \omega = \frac{nh}{2\pi}$$

also

$$(3) \qquad m_0^2 a^4 \omega^2 = \frac{n^2 h^2}{4\pi^2}$$

Durch Division von (3) und (1) folgt

$$(4) \qquad a = \frac{n^2 h^2}{4\pi^2 m_0 eE} = const \cdot n^2$$

und daraus die Umlaufzeit

(5) $$\tau = \frac{2\pi}{\omega} = \frac{n^3 h^3}{4\pi^2 m_0 e^2 E^2}$$

Unter den unendlich vielen unendlich dicht liegenden Bahnen, die nach der klassischen Theorie möglich sind, wird also durch Gl. (4) eine diskrete Anzahl ausgesondert, die nach der Quantentheorie allein möglich sind. Nach (4) verhalten sich ihre Radien wie die Quadrate der Quantenzahlen:

$$a_1 : a_2 : a_3 : \ldots . : a_n = 1^2 : 2^2 : 3^2 : \ldots . : n^2$$

so daß also der Radius der 2. Bahn 4 mal, der der dritten 9 mal so groß wie der der ersten ist.

Wir haben noch die Gesamtenergie zu berechnen, die sich aus der kinetischen und der potentiellen Energie additiv zusammensetzt. Es ist die Bewegungsenergie

$$E_{kin} = \frac{1}{2} m_0 v^2 = \frac{1}{2} m_0 a^2 \omega^2 = \frac{2\pi^2 m_0 e^2 E^2}{n^2 h^2}$$

und die Coulombsche Energie

$$E_{pot} = -\frac{eE}{a} = -\frac{4\pi^2 m_0 e^2 E^2}{n^2 h^2}$$

woraus als Gesamtenergie des n-ten Quantenzustandes

(6) $$E_n = -\frac{2\pi^2 m_0 e^2 E^2}{n^2 h^2}$$

folgt. Die mechanische Energie eines Systems ist bekanntlich immer nur bis auf eine additive Konstante bestimmt, die man willkürlich festlegen kann. In unserem Falle ist sie gerade so bestimmt, daß die Energie der unendlich fernen Bahn ($n = \infty$)

$$E_\infty = 0$$

wird. Die übrigen Quantenzustände sind natürlich, wie oben näher ausgeführt ist, energieärmer, und zwar ist ihre

Energie umso geringer, je weiter innen die Quantenbahn liegt. Daher rührt das negative Vorzeichen von E_n in (6), das zunächst merkwürdig anmutet. Der größte Wert von E_n ist also Null (für $n = \infty$), der kleinste, d. h. am stärksten negative, E_1. Die Größen W_n, die uns oben beschäftigten, verhielten sich gerade umgekehrt. Sie stellten die Ionisierungsarbeiten dar und waren mithin um so größer, je weiter das Atom vom ionisierten Zustand ($n = \infty$) entfernt war. W_n ist also der Betrag, um den die Energie des Ions über der des Atoms im n-ten Quantenzustand liegt, somit der positive Energiebetrag $E_\infty - E_n$, der bei der Ionisation dem Atom zugeführt werden muß:

$$W_n = \frac{2\pi^2 m_0 e^2 E^2}{h^2} \cdot \frac{1}{n^2} \tag{7}$$

Da sich die Größen W_n von den wirklichen Energien E_n nur durch das Vorzeichen unterscheiden, pflegt man sie in der Spektroskopie im allgemeinen schlechthin als Energie des betreffenden stationären Zustandes zu bezeichnen. Man muß sich gegebenenfalls nur darüber klar sein, daß die Energiewerte in diesem Falle negativ zu zählen sind. Wir werden bei der Behandlung der Röntgenspektren, bei denen im Gegensatz dazu die Energiewerte positiv gezählt werden, auf diesen Punkt zurückkommen.

Die Energien verschiedener stationärer Zustände unterscheiden sich lediglich in dem zweiten Faktor; dieser ist gleich $\frac{1}{1^2} = 1$ für den stationären Zustand Nr. 1 mit der Energie W_1, gleich $\frac{1}{2^2} = \frac{1}{4}$ für den Zustand Nr. 2 mit W_2, gleich $\frac{1}{3^2} = \frac{1}{9}$ für Nr. 3 usw. Aus der Bohrschen Spektralformel ergibt sich demnach für die Schwingungszahl des

Lichtes, das beim Übergange des Atoms von einem stationären Zustand in den anderen ausgesandt wird, der Wert

$$\nu = \frac{2\pi^2 m_0 e^2 E^2}{c h^3} \left(\frac{1}{n^2} - \frac{1}{m^2} \right)$$

Wir brauchen darin nur die Abkürzung

$$R' = \frac{2\pi^2 m_0 e^2 E^2}{c h^3} = RZ^2, \quad R = \frac{2\pi^2 m_0 e^4}{c h^3}$$

einzuführen, um vollständige Identität mit der Ritz-Balmer-Formel zu erhalten, die wir jetzt

$$\nu = RZ^2 \left(\frac{1}{n^2} - \frac{1}{m^2} \right)$$

schreiben wollen. Der erste außerordentlich große Erfolg der Bohrschen Theorie bestand nun darin, daß sich für die Rydbergfrequenz R tatsächlich der richtige, in der Spektroskopie seit langem bekannte Wert ergab, wenn man für m_0, e und h die auf anderem Wege gefundenen Daten benutzte und Z einfach gleich Eins setzte. Der Wert $Z = 1$ bedeutet aber, daß die Kernladung des Wasserstoffatoms, vom Vorzeichen abgesehen, genau gleich einer Elektronenladung ist. Das ungeladene Wasserstoffatom kann also nur aus dem Kern und einem einzigen Elektron bestehen.

Der Radius der Grundbahn des Wasserstoffatoms ist nach Gl. (4)

$$a_1 = \frac{h^2}{4\pi^2 m_0 e^2}$$

woraus mit Hilfe der Zahlenwerte $h = 6{,}55 \cdot 10^{-27}$, $e = 4{,}77 \cdot 10^{-10}$ und $m_0 = 0{,}899 \cdot 10^{-27}$

$$a_1 = 0{,}532 \cdot 10^{-8} \text{ cm} \tag{8}$$

folgt.

Wir wollen nun wieder auf die Abb. 23 zurückgehen, und uns den Mechanismus der Lichtaussendung noch einmal vor Augen führen. Wir haben in ihr vier Scharen von Pfeilen eingezeichnet. Jeder Pfeil soll den Übergang eines Elektrons aus einer stationären Kreisbahn in eine andere andeuten. Nehmen wir noch einmal die Balmerformel zu Hilfe. Für den Fall der im sichtbaren Gebiet des Spektrums liegenden Serie des Wasserstoffes lautete sie

$$\nu = R\left(\frac{1}{2^2} - \frac{1}{m^2}\right)$$

wobei m die variable Zahl war. Die Balmerserie des Wasserstoffs entsteht also, wenn ein Elektron von einer weiter außen liegenden Bahn in die zweite herabfällt, und zwar das erste Glied, die Linie H_α, beim Überspringen von Nr. 3 nach Nr. 2; die zweite Linie, H_β, beim Hinüberspringen von Nr. 4 nach Nr. 2, usw. Ebenso werden die anderen Serien gebildet; die Lymanserie umfaßt alle die Linien, die auf dem Niveau Nr. 1 enden, die Paschenserie die auf Nr. 3, die Brackettserie die auf Nr. 4 endenden.

Prinzipiell das gleiche wie Abb. 23 zeigt Abb. 24, jedoch in der üblichen Form des Niveauschemas. Anstelle der Bahnen sind hier die Energiestufen eingetragen, deren Abstände vom Endniveau $n = \infty$ sich wie $1 : \frac{1}{4} : \frac{1}{9} \ldots$ verhalten. Dadurch wird die Lage der Linien zueinander deutlicher, weil ihre Schwingungszahlen direkt durch die Länge der zugehörigen Verbindungspfeile angegeben werden.

Läßt man bei einer Serie die Laufzahl m immer größer werden, d. h. betrachtet man Linien, die durch Übergang des Elektrons von immer weiter außen liegenden Bahnen auf die gemeinsame Endbahn entstehen, so wird der Laufterm immer kleiner, um schließlich zu verschwinden, und

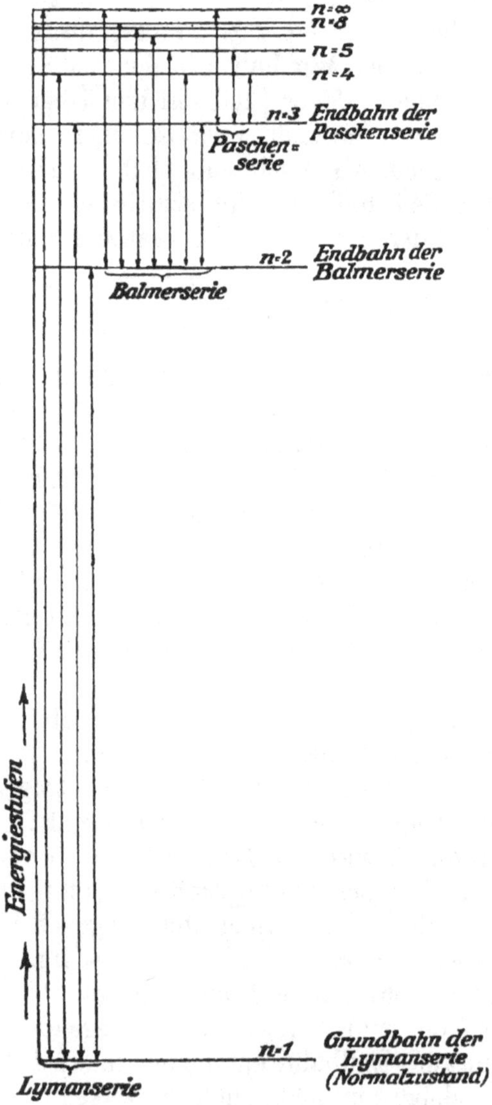

Abb. 24. Niveauschema des Wasserstoffatoms.
Aus A. Eucken, Grundriß der physikalischen Chemie. Braunschweig, Vieweg & Sohn.

es bleibt in der Serienformel nur noch der konstante Term übrig. Spektroskopisch bedeutet aber unser Vorgehen ein immer weiteres Heranrücken an die Seriengrenze. Der konstante Term der Serienformel charakterisiert also die Lage der Seriengrenze, die nichts anderes ist, als die durch h dividierte Ionisationsarbeit des Niveaus, auf dem sämtliche Linien der Serie enden.

Schon allein der Umstand, daß sich aus den Bohrschen Annahmen die Rydbergsche Konstante mit zwingender Notwendigkeit zu genau demselben Werte ergab, den man schon lange aus der Spektroskopie kannte, macht es sehr wahrscheinlich, daß die eben besprochenen Ansichten über das Wasserstoffatom in ihren Grundzügen richtig sind. Wir werden noch eine große Zahl weiterer außerordentlich beweiskräftiger Indizien aufzeigen können; hier wollen wir nur noch die Aufklärung einer Angelegenheit durch die Bohrsche Theorie besprechen, die bis dahin unklar geblieben war.

Im Jahre 1897 hatte der amerikanische Astronom Pickering in den Spektren von Nebelsternen eine Serie gefunden, deren einzelne Linien immer etwa in der Mitte zwischen zwei Linien der Balmerserie des Wasserstoffs lagen und sich durch die Spektralformel

$$\nu = R\left(\frac{1}{2^2} - \frac{1}{(k + 1/2)^2}\right) \qquad (k = 2, 3, 4 \ldots .)$$

darstellen ließen. Dabei ist R dieselbe Konstante wie in der Balmerformel. Es ist erklärlich, daß diese Serie, genau wie eine andere im Jahre 1912 von A. Fowler in einem Gemisch von Wasserstoff und Helium gefundene, die sich durch

$$\nu = R\left(\frac{1}{1{,}5^2} - \frac{1}{k^2}\right) \qquad (k = 2, 3, 4 \ldots .)$$

darstellen ließ, dem Wasserstoff zugeschrieben wurde. Als Bohr seine ersten Arbeiten veröffentlichte, die den Aufbau des Wasserstoffatoms zum Gegenstand hatten, konnte er diese Serien in seinem Spektralschema naturgemäß nicht unterbringen. Man kann jedoch diese beiden Serien in der Form

$$\nu = 4\,R \left(\frac{1}{3^2} - \frac{1}{m^2}\right) \qquad \text{(Fowlerserie)}$$

$$\nu = 4\,R \left(\frac{1}{4^2} - \frac{1}{m^2}\right) \qquad \text{(Pickeringserie)}$$

angeben, und hätte sie nach der allgemeineren auf S. 86 angeführten Spektralformel einem Atom zuzuschreiben, das zwar sonst wie Wasserstoff aussieht — also nur ein Elektron besitzt —, aber die Kernladungszahl $Z = 2$ hat. Der Träger dieser Serien ist also gar nicht das Wasserstoffatom, sondern einfach ionisiertes Helium. Allerdings bildet die Pickeringserie nur einen Teil der sich in der neuen Darstellung ergebenden Serie, nämlich die Linien mit ungerader Laufzahl; die andere Hälfte mit geradzahligem m fällt — man kann sich davon leicht überzeugen, indem man in der Formel für die Pickeringserie $m = 2\,k$ setzt und durch 4 kürzt — mit der gewöhnlichen Balmerserie zusammen[1]). Sie war deshalb vorher übersehen worden; inzwischen hat sich jedoch herausgestellt, daß sie auch in reinstem Helium auftritt, mit der Balmerserie also nicht identisch ist. Auch der andere Teil der Pickeringserie und die Fowlerserie sind in reinem Helium gefunden worden.

Einige Forscher haben darauf aufmerksam gemacht,

---

[1]) Die Serien fallen nicht ganz genau zusammen, weil wegen der Mitbewegung des Kerns die Rydbergzahl auch in geringem Maße von der Masse des Kerns abhängt und daher für He^+ ein wenig anders ist, als für H.

daß man im Laboratorium von den Linien der Balmerserie bisher nur die ersten zwölf bis zwanzig zur Beobachtung bringen konnte, während uns aus den Spektren gewisser wasserstoffhaltiger Sterne mehr als dreißig Linien dieser Serie bekannt sind. Man kann das darauf zurückführen, daß nur im Weltraum die Möglichkeiten einer so weitgehenden Verdünnung des Gases und der räumlichen Ausdehnung jedes einzelnen Atomes gegeben sind, daß hier eben im Gegensatz zu unseren Laboratoriumsverhältnissen auch der dreißigste (und noch höhere) stationäre Zustand des Atoms vorkonmmen kann. Denn da, wie wir oben gesehen haben, der Durchmesser der einzelnen Quantenbahn mit dem Quadrat der Quantenzahl wächst, hat die 30. Bahn einen 900 mal so großen Durchmesser wie die innerste.

Der Durchmesser der innersten Bahn ergab sich oben [Gl. (8) auf S. 86] zu rund 10^{-8} cm = 1 AE. Es ist eine weitere Stütze der Bohrschen Theorie, daß sich dabei die gleiche Größenordnung ergibt, wie aus den Überlegungen der kinetischen Gastheorie. Denn wenn auch die kinetische Theorie nicht in der Lage ist, genaue Werte dafür zu liefern, weil sie von einer gänzlich anderen Betrachtungsweise ausgeht, so liefert sie doch die Größenordnung des Atomdurchmessers mit voller Sicherheit.

3. Kapitel.

Zeemaneffekt und Feinstruktur.

§ 13. Die Keplerellipse[1]).

Für die Behandlung der Serienspektra, die uns im folgenden hauptsächlich interessieren werden, ist es wichtig,

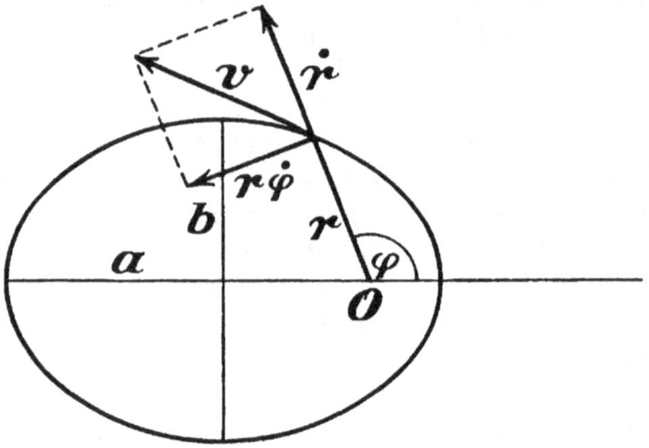

Abb. 25.

nicht nur die Bewegung des Elektrons auf einer Kreisbahn zu kennen, die wir in § 12 untersucht haben, sondern nach dem Vorgange von Sommerfeld, der die folgenden Überlegungen mit bezug auf das vorliegende Problem als erster angestellt hat, auch die übrigen mechanisch möglichen Bahntypen zu betrachten.

Die kinetische Energie des Elektrons, dessen Masse m_0 sein möge, ist

---

[1]) Für das folgende müssen die gleichen Voraussetzungen gemacht werden, wie in § 6 des ersten Kapitels. Vgl. dazu die Fußnote auf S. 59.

(1) $$E_{kin} = \frac{m_0}{2}\left(\frac{ds}{dt}\right)^2 = \frac{m_0}{2}(\dot{r}^2 + r^2\dot{\varphi}^2)$$

wenn wir Polarkoordinaten r und φ benutzen.

Die zu r und φ kanonisch konjugierten Impulse sind

(2) $$\begin{cases} p_r = \dfrac{\partial E_{kin}}{\partial \dot{r}} = m_0 \dot{r} \\ p_\varphi = \dfrac{\partial E_{kin}}{\partial \dot{\varphi}} = m_0 r^2 \dot{\varphi} \end{cases}$$

p_φ ist also, da $r\dot{\varphi}$ die Tangentialgeschwindigkeit v bedeutet, der gesamte Drehimpuls $m_0 v \cdot r$, den wir nachher kurz mit p bezeichnen wollen.

Bewegt sich das Elektron im Kraftfelde eines Kerns mit der positiven Ladung $E = Z \cdot e$, wobei wieder $-e$ die Ladung des Elektrons ist, so ist die potentielle Energie

(3) $$E_{pot} = -\frac{eE}{r}$$

Der Energiesatz nimmt daher die Form

(4) $$E_{kin} + E_{pot} = \frac{m_0}{2}(\dot{r}^2 + r^2\dot{\varphi}^2) - \frac{eE}{r} = W$$

oder auch unter Benutzung von (2) die Form

(5) $$H(p_r, p_\varphi, r, \varphi) = \frac{1}{2m_0}\left(p_r^2 + \frac{1}{r^2}p_\varphi\right) - \frac{eE}{r} = W$$

an. Da auf Grund einer der kanonischen Gleichungen

$$\dot{p}_\varphi = -\frac{\partial H}{\partial \varphi}$$

ist, andererseits aber H von φ nicht explizit abhängt, folgt daraus die zeitliche Konstanz des Drehimpulses

(6) $$p_\varphi = m_0 r^2 \dot{\varphi} = const.$$

Wir erhalten daher, wenn wir

$$\dot{\varphi} = \frac{p}{m_0 r^2}$$

$$\dot{r} = \frac{dr}{d\varphi} \dot{\varphi} = \frac{dr}{d\varphi} \cdot \frac{p}{m_0 r^2}$$

in die Energiegleichung (4) einsetzen

$$\left(\frac{dr}{d\varphi}\right)^2 \frac{p^2}{2 m_0 r^4} + \frac{p^2}{2 m_0 r^2} - \frac{eE}{r} = W$$

Setzen wir

$$\frac{1}{r} = \varrho,$$

so folgt

$$(7^1) \qquad \left(\frac{d\varrho}{d\varphi}\right)^2 = \frac{2 m_0 W}{p^2} + \frac{2 m_0 eE}{p^2} \varrho - \varrho^2$$

(7) geht durch Differentiation über in die Differentialgleichung

$$(8) \qquad \frac{d^2\varrho}{d\varphi^2} = \frac{m_0 eE}{p^2} - \varrho$$

mit der Lösung

$$(9) \qquad \varrho = \frac{m_0 eE}{p^2} + C \cos(\varphi - \varphi_0)$$

Das ist die Brennpunktsgleichung eines Kegelschnittes in Polarkoordinaten.

Verlangen wir, daß C positiv und $\varphi_0 = 0$ sind, so bedeutet das nur, daß wir φ vom Perihel abzählen, d. h. von der Stelle, an der r seinen kleinsten, ϱ seinen größten Wert annimmt. An den Stellen der Extremwerte von ϱ verschwindet $\frac{d\varrho}{d\varphi}$, so daß nach (7) ϱ_{min} und ϱ_{max} die Wurzeln der Gleichung

[1]) Vgl. Handbuch d. Phys. XXIII, S. 110 (W. Pauli).

$$(10) \qquad \varrho^2 - 2\frac{m_0 e E}{p^2}\varrho - \frac{2 m_0 W}{p^2} = 0$$

sind. Es sind also

$$(11) \qquad \begin{cases} \varrho_{min} + \varrho_{max} = \dfrac{2 m_0 e E}{p^2} \\ \varrho_{min} \cdot \varrho_{max} = -\dfrac{2 m_0 W}{p^2} \end{cases}$$

Aus der zweiten Gleichung (11) sieht man, daß eine geschlossene Bahn, d. h. eine solche, für die sowohl ein größter, als auch ein kleinster Wert von ϱ bzw. von r existieren, nur dann möglich ist, wenn W negativ ist, da ϱ definitionsgemäß positiv ist. Wir erhalten also

eine Ellipse, wenn $W < 0$,
eine Hyperbel, wenn $W > 0$,
eine Parabel, wenn $W = 0$ ist.

Die Analogie des vorliegenden Falles zum Keplerproblem liegt auf der Hand. Zwischen der Anziehung eines Planeten durch die Sonne und der eines negativ elektrischen Elektrons durch einen positiv geladenen Kern besteht vom mathematischen Standpunkte aus kein Unterschied, weil das Gravitationsgesetz, das die Massenanziehung regelt, und das Coulombsche Gesetz, das für die elektrische Anziehung gilt, genau die gleiche Form haben.

Das eben gefundene Resultat bezüglich der Bahnform entspricht deshalb dem ersten Keplerschen Gesetz. Wir können es etwa folgendermaßen formulieren:

Das Elektron bewegt sich auf einer Ellipse, in deren einem Brennpunkt der Kern steht.

Das zweite Keplersche Gesetz steckt bereits in unserer Gleichung (6). Man sieht leicht ein, daß $\frac{1}{2} r^2 \varphi$ die in der

Zeiteinheit vom Radiusvektor überstrichene Fläche ist, und kann die Gl. (6) dann so aussprechen:

Der Radiusvektor überstreicht in gleichen Zeiten gleiche Flächen.

Indem wir nunmehr anstelle der Konstanten der Gleichung (9) die zur Charakterisierung der Ellipse üblichen Größen

a = große Halbachse,

ε = numerische Exzentrizität,

$b = a\sqrt{1-\varepsilon^2}$ = kleine Halbachse

einführen, schreiben wir die Ellipsengleichung

$$\varrho = \frac{1}{r} = \frac{1}{a} \cdot \frac{1+\varepsilon\cos\varphi}{1-\varepsilon^2} \tag{12}$$

wobei dann also (vgl. Abb. 25)

$$\begin{cases} \varrho_{max} = \dfrac{1}{r_{min}} = \dfrac{1}{a(1-\varepsilon)} \\ \varrho_{min} = \dfrac{1}{r_{max}} = \dfrac{1}{a(1+\varepsilon)} \end{cases} \tag{13}$$

ist. Setzt man diese Werte in (11) ein, so ergibt sich

$$a = \frac{p^2}{(1-\varepsilon^2)m_0 eE} \tag{14}$$

$$W = -\frac{eE}{2a} \tag{15}$$

Wir haben bereits erwähnt, daß die in der Zeiteinheit überstrichene Fläche $\frac{1}{2}r^2\dot{\varphi}$ konstant gleich $\frac{p}{2m_0}$ ist. Ist τ die Umlaufszeit, d. h. die Zeit, in der die gesamte Fläche $ab\pi = a^2\sqrt{1-\varepsilon^2}\,\pi$ überstrichen wird, so ist die in der Zeiteinheit überstrichene $\frac{ab\pi}{\tau}$. Daraus folgt

$$\frac{a^2 \sqrt{1-\varepsilon^2}\cdot\pi}{\tau} = \frac{p}{2\,m_0}$$

$$\frac{a^4}{\tau^2} = \frac{p^2}{4\,m_0^2\cdot\pi^2(1-\varepsilon^2)} = \frac{eE}{4\pi^2 m_0}\cdot\frac{p^2}{(1-\varepsilon^2)\,m_0 eE}$$

und wegen (14)

$$\frac{a^3}{\tau^2} = \frac{eE}{4\,\varepsilon^2 m_0} \tag{16}$$

$$\tau^2 = a^3\cdot const.$$

Die Quadrate der Umlaufszeiten sind proportional den Kuben der großen Halbachsen. Das ist der Inhalt des dritten Keplerschen Gesetzes. Es handelt sich hier um genau dieselben Ellipsen, wie sie bei der Planetenbewegung auftreten; man bezeichnet sie deshalb gleichfalls als Keplerellipsen. Es ist ersichtlich, daß die in § 12 behandelte Kreisbahn nur den Spezialfall $\varepsilon = 0$ dieser Ellipsen darstellte.

Wir haben nun noch die eigentliche Quantelung zu erledigen, d. h. gerade das, was unsere Atomellipsen von denen im Planetensystem unterscheidet. Die Quantenbedingungen lauten nach der in § 6 gegebenen Vorschrift

$$\left\{\begin{aligned} &\int_0^{2\pi} p_\varphi\, d\varphi = kh \\ &\int_{\varphi=0}^{\varphi=2\pi} p_r\, dr = n_r h \end{aligned}\right. \tag{17}$$

Wir bezeichnen n_r als radiale, k als azimutale Quantenzahl, ferner wollen wir noch

$$n = n_r + k \tag{18}$$

als Hauptquantenzahl bezeichnen. Den Grund dafür werden wir bald einsehen.

Die erste der Gleichungen (17) ergibt wegen der Konstanz von $p_\varphi = p$

$$2\pi p = kh, \quad p = \frac{kh}{2\pi} \tag{19}$$

während wir in der zweiten

$$p\dot{r} = m_0\dot{r} = m_0 \frac{dr}{d\varphi}\dot{\varphi} = \frac{1}{r^2} p \frac{dr}{d\varphi}$$

$$dr = \frac{dr}{d\varphi} d\varphi$$

setzen und so

$$p \int_0^{2\pi} \left(\frac{1}{r}\frac{dr}{d\varphi}\right)^2 d\varphi = n_r h \tag{20}$$

erhalten. Durch logarithmische Differentiation folgt aus (12)

$$\frac{1}{r}\frac{dr}{d\varphi} = \frac{\varepsilon \sin \varphi}{1 + \varepsilon \cos \varphi} \tag{21}$$

was, in (20) eingesetzt, zu

$$p \int_0^{2\pi} \frac{\varepsilon^2 \sin^2 \varphi}{(1 + \varepsilon \cos \varphi)^2} d\varphi = n_r h \tag{22}$$

führt. Durch partielle Integration kann man (22) umformen in

$$\left[\frac{p\varepsilon \sin \varphi}{1 + \varepsilon \cos \varphi}\right]_0^{2\pi} - p \int_0^{2\pi} \frac{\varepsilon \cos \varphi}{1 + \varepsilon \cos \varphi} d\varphi = n_r h. \tag{23}$$

Der erste Term verschwindet, der zweite ist

$$p \int_0^{2\pi} \left(\frac{1}{1 + \varepsilon \cos \varphi} - 1\right) d\varphi = n_r h, \tag{24}$$

was man nach (18) auch

$$p \int_0^{2\pi} \frac{d\varphi}{1 + \varepsilon \cos \varphi} = nh \tag{25}$$

schreiben kann. Die linke Seite ist ein bekanntes elliptisches Integral, dessen Ausführung

$$p \frac{2\pi}{\sqrt{1 - \varepsilon^2}} = nh \tag{26}$$

und unter Berücksichtigung von (19)

$$\frac{b}{a} = \sqrt{1 - \varepsilon^2} = \frac{k}{n} \tag{27}$$

ergibt. Wenn wir (18) und (27) in (17) und (15) einsetzen, erhalten wir schließlich

$$a = \frac{n^2 h^2}{4\pi^2 m_0 eE} = a_1 \frac{n^2}{Z} \tag{28}$$

$$W = -\frac{2\pi^2 m_0 e^2 E^2}{n^2 h^2} = -\frac{RZ^2 h}{n^2} \tag{29}$$

und mit Hilfe von (16) für die Umlaufszeit

$$\tau = \frac{n^3 h^3}{4\pi^2 m_0 e^2 E^2}. \tag{30}$$

Aus der kontinuierlichen Schar von Ellipsen, die als Lösung des Keplerproblems auftreten, wird durch die Quantenbedingungen eine diskrete Anzahl ausgezeichnet, nämlich gerade die, für die n und k ganzzahlige Werte annehmen. Vergleichen wir die Werte, die wir für die Energie, die große Halbachse und die Umlaufszeit erhalten haben, mit den Werten in § 12 Gl. (4) bis (6), so finden wir ganz genau dieselben Ausdrücke. An die Stelle der einzigen Quantenzahl bei der Kreisbahn ist jetzt die Hauptquantenzahl getreten. Die Unterteilung von n in $n_r + k$ ist für diese drei Größen völlig gleichgültig. Die Energie und damit der Termwert hängt wegen des Auftretens von n nur von der großen Halbachse ab; der Wert von k, d. h. die Länge der kleinen Halbachse und somit die Form der Ellipse sind ganz belanglos. Man sieht aus (27), daß jedenfalls

$$(31) \qquad k \leqq n$$

sein muß. Der Wert $k = 0$, der nach (27) $b = 0$ zur Folge hätte, also ein Hineinstürzen des Elektrons in den Kern bedeuten würde (die Ellipse ist dann zu einer geraden Linie ausgeartet), muß dabei sinngemäß ausgeschlossen werden, so daß nur die n Werte

$$k = 1, 2, 3, \ldots . n$$

in Betracht kommen. An die Stelle der einen Kreisbahn sind jetzt n Ellipsenbahnen getreten, die durch je einen bestimmten Wert von k bei gegebenem n gekennzeichnet werden, und die wir mit Bohr als

$$n_k \text{ — Bahnen}$$

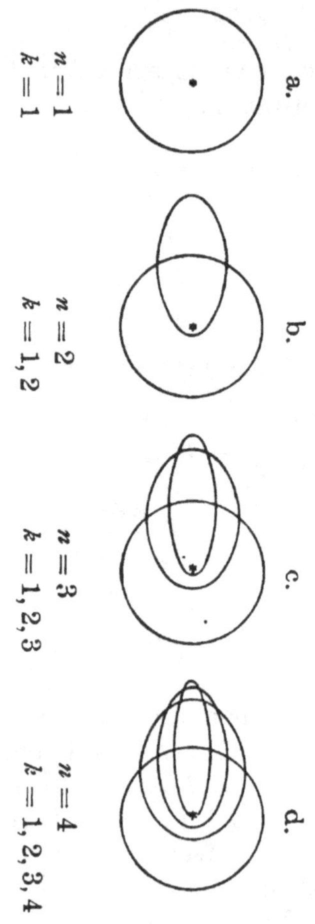

Abb. 26. n_k-Bahnen.

Aus A. Sommerfeld, Atombau und Spektrallinien. Braunschweig, Vieweg und Sohn.

bezeichnen wollen. Z. B. sind bei den Bahnen mit der Hauptquantenzahl 3 drei Möglichkeiten vorhanden, nämlich 3_1 (langgestreckte Ellipse), 3_2 (breitere Ellipse, aber mit gleicher großer Achse), 3_3 (Kreisbahn, $b = a$!). Entsprechend gibt es bei $n = 4$ vier verschiedene Bahnen usw.

Wird nun diese Vermehrung der möglichen Bahnen eine Vermehrung der Terme und damit der Linien zur Folge haben? Nein! Denn der Wert der Energie ist ja für alle Bahnen mit gleichem n derselbe, ohne Rücksicht auf k. Erst dann, wenn wir das Elektron in seinem Umlauf stören, indem wir etwa ein elektrisches oder magnetisches Feld anlegen, oder wenn wir die durch die Relativitätstheorie geforderte Veränderung der Masse mit der Geschwindigkeit berücksichtigen, werden sich die Bahnen verschieden verhalten. Und in diesen Fällen wird, wie wir noch sehen werden, tatsächlich eine Aufspaltung des Terms in Teilterme bewirkt. Bei Entfernung des Störfeldes werden diese Terme wieder in einen zusammengelegt. Im Magnetfelde sind z. B. sämtliche Freiheitsgrade des Systems voll entwickelt, ohne Feld ist das System „entartet". Von einem höheren Standpunkte aus, auf dessen Darlegung wir hier verzichten müssen, kann man erkennen, daß bei Entartung eines Freiheitsgrades nicht nur die betreffenden Energiewerte zusammenfallen, sondern daß die Unterscheidung der Fälle überhaupt ihren Sinn verliert und die zugehörige Quantenzahl (hier k) bedeutungslos wird.

§ 14. Das Wasserstoffatom im homogenen Magnetfeld.

Im Anschluß an die Überlegungen des vorigen Paragraphen wollen wir sogleich das Wasserstoffatom in einem Falle geringerer Entartung betrachten, der sich durch besondere Einfachheit auszeichnet, im homogenen Magnetfeld. Auf die experimentellen Tatsachen, deren Entdeckung durch Zeeman auf das Jahr 1896 zurückgeht, kommen wir im folgenden Paragraphen nach Erledigung des Theoretischen, das uns noch aus anderen Gründen wichtig ist, zurück.

Wir gehen aus von dem sogenannten Theorem von Larmor, das eine geläufige elektromagnetische Erscheinung ausspricht, und auf dessen Beweis wir hier verzichten wollen, da er in jedem Lehrbuch der Elektrodynamik zu finden ist. Es sagt aus, daß sich ein elektrisch geladener Körper im homogenen Magnetfelde in seiner Bahnebene ganz genau so bewegt wie ohne Magnetfeld, d. h. daß insbesondere die Form der Bahn und die Bewegung in der Bahn unverändert bleiben. Desgleichen bleibt der Neigungswinkel der Bahnebene gegen die Richtung des Magnetfeldes erhalten, und die Wirkung des Feldes besteht lediglich darin, daß die Ebene mit der Winkelgeschwindigkeit

$$o = \frac{e H}{2 m_0 c} \tag{1}$$

gleichförmig um die Feldrichtung zu präzessieren beginnt. Dabei bedeutet H die Feldstärke des angelegten Magnetfeldes. Übertragen wir diesen Satz auf unser Wasserstoffatom, so heißt das, daß wir die Bewegung des Elektrons im Magnetfelde erhalten können, indem wir zunächst die Bewegung ohne Magnetfeld in einem Koordinatensystem betrachten, dessen z-Achse etwa in die Richtung des später anzulegenden Magnetfeldes fällt, und dann nach Anlegen des Feldes einfach das ganze Koordinatensystem mit der durch (1) gegebenen Winkelgeschwindigkeit um die z-Achse drehen.

Wir betrachten[1]) also zunächst die Bewegung in dem

[1]) Der Kernpunkt der folgenden Überlegungen stammt von Sommerfeld.

rotierenden Koordinatensystem. Hier führen wir gemäß Abb. 27 Polarkoordinaten ein, und zwar nebeneinander ebene r, φ und räumliche r, ϑ, ψ. Dabei sind r der Abstand vom Anfangspunkt O, φ das Azimut in der Bahnebene, ϑ der Winkel von r gegen die z-Achse des Systems und ψ das von der Knotenlinie OK aus gezählte Azimut in der durch die x- und y-Achse definierten „Äquatorebene". Gehen wir vom rotierenden zum raumfesten Bezugssystem über, so tritt, da die Drehung um die Achse ON erfolgt, an die Stelle von ψ der Winkel χ, derart, daß gemäß (1)

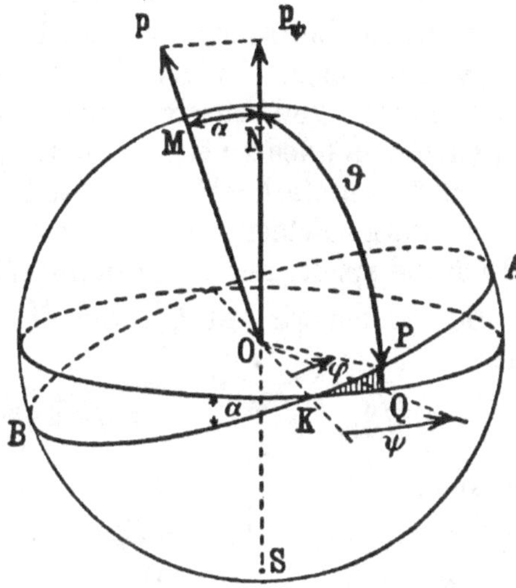

Abb. 27.
Aus A. Sommerfeld, Atombau und Spektrallinien. Braunschweig, Vieweg & Sohn.

$$\dot{\chi} = \dot{\psi} + o, \qquad \chi = \psi + o \cdot t$$

ist. Die kinetische Energie des Elektrons ist

$$(3) \qquad \begin{aligned} E_{kin} &= \frac{m_0}{2} (\dot{r}^2 + r^2 \dot{\vartheta}^2 + r^2 \sin^2 \vartheta \; \dot{\chi}^2) \\ &= \frac{m_0}{2} (\dot{r}^2 + r^2 \dot{\vartheta}^2 + r^2 \sin^2 \vartheta \, \dot{\psi}^2 + \\ &\qquad + 2\, r^2 \sin^2 \vartheta \, \dot{\psi} o + \ldots). \end{aligned}$$

Dabei ist das in o quadratische Glied weggelassen; da aber das Larmorsche Theorem nur für nicht zu starke Magnetfelder gilt, d. h. solche, bei denen das in H quadratische Glied gegen das lineare vernachlässigt werden kann und die Energie linear mit dem Felde wächst, begehen wir nur einen Fehler von untergeordneter Größenordnung, wenn wir nach dem linearen Gliede abbrechen. Die Beschränkung des „nicht zu starken" Feldes ist hier nicht wesentlich, da wir so starke Felder, daß bei ihnen das quadratische Glied eine Rolle spielt, nur in Ausnahmefällen erzeugen können.

Bezeichnen wir mit E^0_{kin} die Energie des Systems ohne Feld

$$(4) \qquad E^0_{kin} = \frac{m_0}{2}(\dot{r}^2 + r^2\dot{\vartheta}^2 + r^2 \sin^2\vartheta\,\dot{\psi}^2)$$

so ist

$$(5) \qquad E_{kin} = E^0_{kin} + p_\psi \cdot o$$

da [vgl. z. B. § 6 Gl. (1)]

$$(6) \qquad p_\psi = \frac{\partial E^0_{kin}}{\partial \psi} = m_0 r^2 \sin^2\vartheta\,\dot{\psi}$$

ist. Beachten wir ferner, daß sich die potentielle Energie $-\frac{eE}{r}$ durch Einschalten des Magnetfeldes nicht ändert, weil sie nur von r abhängt, das auf Grund des Larmorschen Satzes erhalten bleibt, so ist der Zuwachs der Gesamtenergie W im Magnetfeld

$$(7) \qquad \Delta_H W = p_\psi \cdot o$$

Die Quantenbedingungen lauten nun

$$(8) \qquad \begin{cases} \oint p_r\,dr = n_r\,h \\ \oint p_\vartheta\,d\vartheta = n_\vartheta\,h. \\ \oint p_\psi\,d\psi = m\,h \end{cases}$$

wobei unter n_r, n_ϑ, m ganze Zahlen zu verstehen sind und die Integrationen nach r und ϑ vom kleinsten über den größten zum kleinsten Wert zurück, die nach ψ von 0 bis 2π zu erstrecken sind. Anstelle einer der beiden letzten Quantenbedingungen kann man auch

$$\int_0^{2\pi} p_\varphi \, d\varphi = jh \tag{9}$$

schreiben. Diese Gleichung ist aber selbstverständlich nicht von den drei anderen unabhängig; denn das System hat nur drei Freiheitsgrade, so daß auch nur drei voneinander unabhängige Quantenbedingungen möglich sind. Im Gegenteil, selbst von diesen geht, wie wir im vorigen Paragraphen sahen, noch eine durch die Entartung verloren.

In der Tat ist ja die kinetische Energie eine homogene quadratische Funktion der $\dot{q}_i$, wenn wir die Koordinaten allgemein mit $q_i \, (i = 1, 2, 3)$ bezeichnen. Daher ist nach dem bekannten Eulerschen Theorem

$$\sum_i \frac{\partial E_{kin}}{\partial \dot{q}_i} \dot{q}_i = \sum_i p_i \dot{q}_i = 2 E_{kin} \tag{10}$$

und infolgedessen

$$2 \int_0^\tau E_{kin} \, dt = \sum_i \oint p_i \, dq_i \tag{11}$$

wobei τ die Periode und $\oint$ die Integration über einen vollen Umlauf bedeuten. So ergibt sich, wenn wir einmal räumliche, das andere Mal ebene Polarkoordinaten benutzen,

$$\oint p_r \, dr + \oint p_\varphi \, d\varphi = \oint p_r \, dr + \oint p_\vartheta \, d\vartheta + \oint p_\psi \, d\psi \tag{12}$$

also

$$\oint p_\varphi \, d\varphi = \oint p_\vartheta \, d\vartheta + \oint p_\psi \, d\psi \tag{13}$$

d. h.

$$j = n_\vartheta + m \tag{14}$$

Die Phasenintegrale für r und φ sind genau die gleichen wie bei der gewöhnlichen Keplerbewegung (§ 13), so daß wir die dort erhaltenen Ergebnisse einfach übertragen können. Unter Berücksichtigung der abgeänderten Bezeichnungsweise (j an Stelle von k) ist der Gesamtdrehimpuls konstant gleich

$$(15) \qquad p = \frac{jh}{2\pi}$$

und

$$(16) \qquad \sqrt{1 - \varepsilon^2} = \frac{j}{n}$$

mit

$$(17) \qquad n = n_r + j = n_r + n_\vartheta + m$$

Überdies ist p_ψ die Komponente des Impulsmomentes p nach der z-Achse, also

$$(18) \qquad p_\psi = p \cos\alpha$$

wenn α den Winkel zwischen der Bahnebene und der Äquatorebene bezeichnet. Da wie wir sahen, p konstant und auf Grund des Larmortheorems auch α konstant ist, so hat auch p_ψ dieselbe Eigenschaft, so daß

$$mh = \int_0^{2\pi} p_\psi d_\psi = p_\psi \int_0^{2\pi} d\psi = 2\pi p_\psi$$

$$(19) \qquad p_\psi = \frac{mh}{2\pi}$$

ist. Es ist also auch

$$m = j \cos\alpha$$

bzw.

$$(20) \qquad \cos\alpha = \frac{m}{j}$$

Diese letzte Gleichung zeigt, daß nicht jede beliebige Lage

der Bahnebene im Raum möglich ist, sondern nur ganz bestimmte diskrete Richtungswinkel, die bei gegebenem

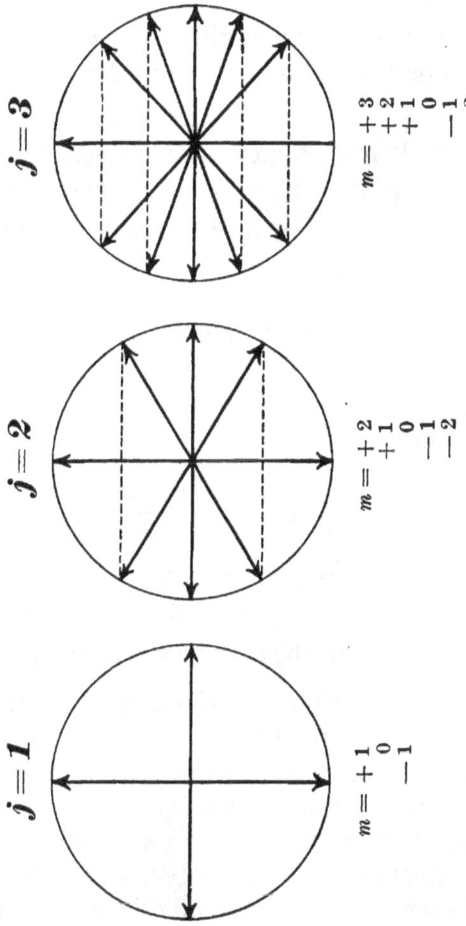

Abb. 28. Quantelung von m als Komponente von j nach der Feldrichtung.

Gesamtdrehimpuls j die Gleichung (20) mit ganzzahligem m erfüllen. Da wegen (20)

(21) $$|m| \leqq j$$

sein muß, kann m nur die Werte

$$j,\ j-1, \ldots\ldots, -j+1,\ -j$$

annehmen. Die Anzahl der möglichen m-Werte und damit die Zahl der möglichen Richtungswinkel α ist also gleich

(22) $$2j+1$$

Was uns hierbei als neu entgegengetreten ist, ist, daß nicht nur der Gesamtimpuls p, sondern auch seine Komponente nach der Feldrichtung ein ganzzahliges Vielfaches von $\frac{h}{2\pi}$ wird.

Die magnetische Zusatzenergie (7) wird jetzt

(23) $$\Delta_H W = \frac{mh}{2\pi}\, o$$

oder mit der Abkürzung

(24) $$\frac{o}{2\pi} = \frac{eH}{4\pi m_0 c} = \mathfrak{o}_H$$

(25) $$\Delta_H W = m \mathfrak{o}_H h$$

§ 15. Der normale Zeemaneffekt.

Die experimentelle Tatsache, die nach ihrer ersten Entdeckung durch Zeeman der Zeemaneffekt heißt, ist kurz folgende. Die Linien der Serienspektren, insbesondere, was uns im Augenblick am meisten interessiert, des Wasserstoffspektrums, werden durch ein angelegtes Magnetfeld in mehrere Komponenten aufgespalten. Das Aufspaltungsbild ist verschieden, je nach dem man in der Richtung der magnetischen Kraftlinien (longitudinaler Effekt) beobachtet oder senkrecht dazu (transversaler Effekt). Im einzelnen wird die Sachlage durch Abb. 29 wiedergegeben.

Beim Längseffekt sieht man anstelle der einen erwarteten Linie zwei, von denen die eine vom Orte der usrprünglichen Linie ebenso weit in Richtung wachsender Schwingungs-

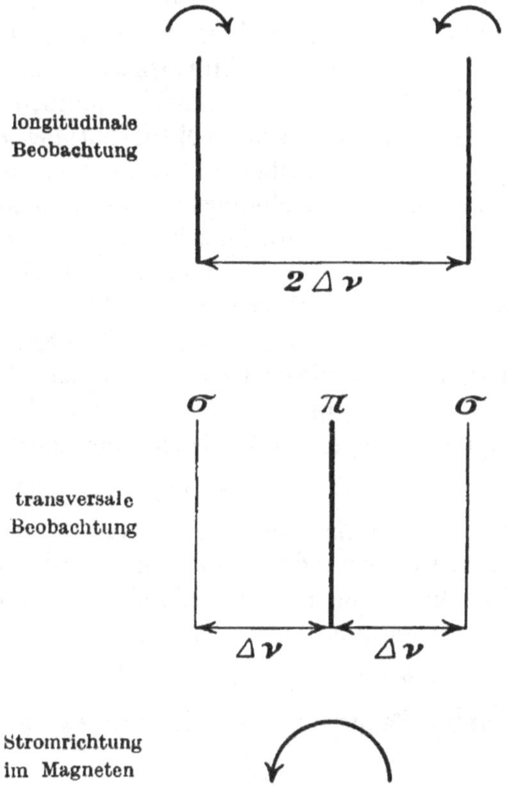

Abb. 29. Normaler Zeemaneffekt (schematisch).

zahlen verschoben ist, wie die andere in der Richtung abnehmender. Die Größe der Aufspaltung hängt linear von der Stärke des Magnetfeldes ab. Beide sind, wenn die ursprüngliche Linie unpolarisiert war, polarisiert, und zwar zirkular im entgegengesetzten Sinne. Beim Quereffekt beobachtet man dagegen drei Komponenten (Zeemantriplett), von denen die mittlere am Orte der ursprünglichen Linie, die beiden äußeren an denselben Stellen gleich weit nach rechts und links liegen, an denen sich die beiden Komponenten des Längseffektes befinden. Die beiden äußeren sind so polarisiert, daß ihre elektrische Schwingungsrichtung senkrecht zum Kraftfelde (σ-Komponenten), die innere so, daß der elektrische Vektor parallel zum Felde (π-Komponente) liegt. Dabei sei ausdrücklich darauf hingewiesen, daß diese Bezeichnungsweise sich nicht mit der Bestimmung der optischen Polarisationsebene des Lichtes deckt; diese richtet sich nach dem magnetischen Vektor, der senkrecht auf dem elektrischen steht.

Wir wollen nun versuchen, diese Sachlage mit Hilfe der Ergebnisse des vorigen Paragraphen zu klären.

Die Schwingungszahl einer Linie war nach der Bohrschen Frequenzbedingung (S. 76) gegeben durch

$$h\nu = W_a - W_e$$

wo W_a bzw. W_e die Energien des emittierenden Atoms im Anfangs- bzw. Endzustande bedeuteten. Durch das Magnetfeld werden diese Energien und damit die Frequenz der ausgesandten Strahlung verändert, so daß infolgedessen

$$(1) \qquad h\Delta\nu = \Delta_H W_a - \Delta_H W_e$$

wird, was unter Benutzung von Gl. (25) des vorigen Paragraphen in

$$(2) \qquad h\Delta\nu = (m_a - m_e)\,\mathfrak{o}_H h$$

übergeht. Verstehen wir unter Δm den Betrag, um den sich der m-Wert des Anfangszustandes von dem des Endzustandes unterscheidet, so ist

$$(3) \qquad \Delta\nu = \mathfrak{o}_H \Delta m.$$

Setzt man in

$$v_H = \frac{eH}{4\pi m_0 c}$$

die bekannten Atomkonstanten ein, so findet man, daß v_H ganz genau gleich dem experimentell gemessenen Abstand der σ-Komponenten von der π-Komponente ist. Für die σ-Komponenten ist also $\Delta m = \pm 1$, für die π-Komponente $\Delta m = 0$. Wir können diese empirische Tatsache zu der damit experimentell begründeten[1]) Auswahlregel verschärfen, daß nur solche Übergänge möglich sind, bei denen sich der Wert der Quantenzahl m zwischen Anfangs- und Endzustand um

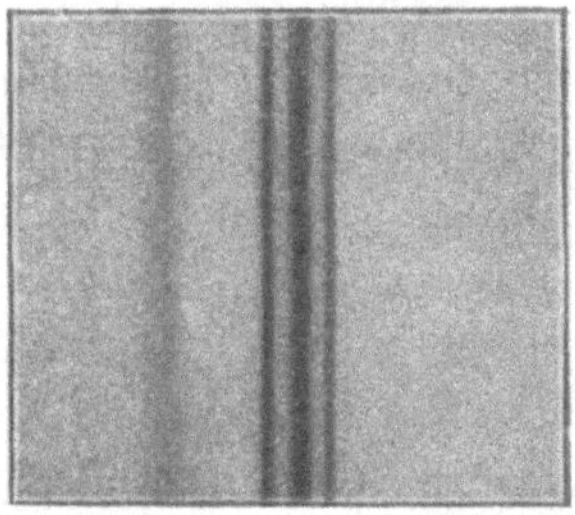

Abb. 30. Neuere Aufnahme eines normalen Zeemantripletts.

Aus Poske-Bavink, Physik, Oberstufe. Braunschweig, Vieweg & Sohn.

$$(4) \quad \begin{aligned} &\Delta m = \pm 1 \ (\sigma\text{-Komponenten}) \\ \text{oder} \quad &\Delta m = \ \ 0 \ (\pi\text{-Komponenten}) \end{aligned}$$

ändert. Übergänge mit anderen Quantensprüngen sind ausgeschlossen. So kommt es, daß die äußeren Komponenten gegen die ursprüngliche Lage um

$$(5) \qquad \Delta \nu = \pm \frac{eH}{4\pi m_0 c}$$

die innere gar nicht

$$(6) \qquad \Delta \nu = 0$$

verschoben erscheinen. Der Übergang zwischen den beiden Aufspaltungsbildern im longitudinalen und transversalen Effekt bereitet keine Schwierigkeiten. Daß die π-Kompo-

[1]) Die theoretische Begründung würde über den Rahmen dieses Bändchens hinaus gehen. Vgl. dazu das Bändchen „Quantenmechanik" dieser Sammlung.

nente bei Längsbeobachtung nicht zu sehen ist, ist ebenso selbstverständlich, wie daß die Zirkularkomponenten bei Querbeobachtung senkrecht linear erscheinen.

Bemerkenswert an unserem Ergebnis (5) ist, daß es die Plancksche Konstante, die für alle Beziehungen der Quantentheorie charakteristisch, aber allen klassischen Überlegungen völlig fremd ist, nicht enthält. Diese hat sich nämlich in Gl. (2) herausgehoben. Das ist der Grund dafür, daß es schon lange vor Aufstellung der Quantentheorie H. A. Lorentz mit Hilfe klassischer Vorstellungen gelungen ist, die Beziehungen (5) zu finden und damit den Zeemaneffekt der Wasserstofflinien zu deuten. Dagegen war die Lorentzsche Theorie nicht in der Lage, den sogenannten anomalen Zeemaneffekt zu erklären, der an Stelle des eben behandelten normalen bei allen komplizierteren Spektren auftritt. Wir werden darauf in Bd. II zurückkommen.

§ 16. Das Bohrsche Magneton.

Es möge an dieser Stelle noch eine andere Erscheinung erwähnt werden, die gleichfalls auf das Verhalten der Atome im Magnetfelde zurückgeht, und die als ein direkter Beweis für die durch Gl. (20) in § 14 geforderte Richtungsquantelung angesehen werden muß.

Denken wir uns ein Atom in ein inhomogenes Magnetfeld gebracht, so wird darauf eine ponderomotorische, d. h. mechanische Kraft von der Größe

$$K = \mu \frac{\partial H}{\partial s} \cos(\mu, H) \tag{1}$$

ausgeübt. $\frac{\partial H}{\partial s}$ mißt die Inhomogenität des Feldes, d. h. die Änderung der Feldstärke mit dem Ortswechsel, μ ist eine für das Atom charakteristische, nicht negative Konstante. Ist μ positiv, so sprechen wir von paramagnetischen Atomen, ist $\mu = 0$, von diamagnetischen oder besser von rein diamagnetischen, da der Diamagnetismus eine jedem Atom zukommende Eigenschaft ist, der sich im Falle $\mu > 0$ der Paramagnetismus überlagert, und die er, weil er von höherer Größenordnung ist, meist völlig überdeckt. Wir nennen μ das magnetische Moment. Seine Größe ist allgemein, d. h. auch für nichtatomare Systeme, definitionsgemäß gleich dem Produkt aus der Stärke des elektrischen Kreisstromes, der die magnetische Wirkung hervorbringt, und der umflossenen Fläche. Die Stromstärke ist die pro Sekunde fließende Elektrizitätsmenge, d. h. gleich der elektromagnetisch gemessenen Ladung des umlaufenden Elektrons mal der Zahl der Umläufe pro Sekunde, also gleich $e\frac{1}{\tau}$, wo τ die Umlaufszeit ist; die Fläche ist $ab\pi = a^2\sqrt{1-\varepsilon^2}\cdot\pi$. Also ist unter Berücksichtigung von S. 97 und Gl. (15) auf S. 106

$$\mu = \frac{ep}{2\,m_0} = \frac{eh}{4\,\pi m_0}\cdot j$$

bzw. wenn wir zu der üblichen Art, e in elektrostatischen Einheiten zu messen, zurückkehren

$$\mu = j\,\frac{eh}{4\,\pi m_0\,c} \tag{2}$$

Das magnetische Moment ist also ein ganzzahliges Vielfaches einer Einheit

$$M_0 = \frac{eh}{4\,\pi m_0 c} \tag{3}$$

die wir als Bohrsches Magneton bezeichnen, und mit deren Hilfe wir

(4) $$\mu = j M_0$$

schreiben können. Wir werden später bei der Behandlung des anomalen Zeemaneffektes finden, daß diese einfache Beziehung für kompliziertere Atome nicht mehr gilt. Man hat dann

(5) $$\mu = j g M_0$$

zu setzen, wo g ein rationaler Bruch und auch j nicht immer ganzzahlig ist. Man wird dann zwar nicht mehr erwarten können, daß alle Momente ganzzahlige Vielfache des Bohrschen Magnetons sind, doch bleibt ihm der Charakter einer universellen Einheit erhalten.

Schon der erste von Stern und Gerlach angestellte Versuch über das Verhalten von Silberatomen im inhomogenen Magnetfelde brachte eine glänzende Bestätigung der Sommerfeldschen Theorie der Richtungsquantelung; eine lange Reihe späterer Versuche an vielen anderen Substanzen hat durch direkte Messung der magnetischen Momente dazu beigetragen, die Theorie der Multiplettspektren, in der, wie wir noch sehen werden, die Größen j und g eine fundamentale Rolle spielen, fester zu fundieren.

Für das Silberatom sind, wie wir hier schon vorweg nehmen müssen, $j = 1/2$ und $g = 2$. Nun sind nach Gl. (20) S. 106 für den Cosinus des Winkels zwischen μ und der Feldrichtung nicht alle Werte möglich, sondern nur diejenigen, für die

(6) $$\cos(\mu, H) = \frac{m}{j}$$

ist. Dabei kann m als Komponente von j nicht größer als $+j$ und nicht kleiner als $-j$ sein; bei $j = 1/2$ kommen also nur die zwei Werte $m = \pm 1/2$ in Frage. Dazwischen liegende Werte, insbesondere also der Wert $m = 0$, sind nicht möglich, da m als Quantenzahl stets nur um ganze

Einheiten springt. Der $\cos(\mu, H)$ kann also die beiden Werte $+1$ (parallele Einstellung zum Felde) und -1 (antiparallele Einstellung) annehmen, und die ponderomotorische Kraft wird

$$K = \pm \mu \frac{\partial H}{\partial s} \tag{7}$$

nimmt also zwei von Null verschiedene Werte an.

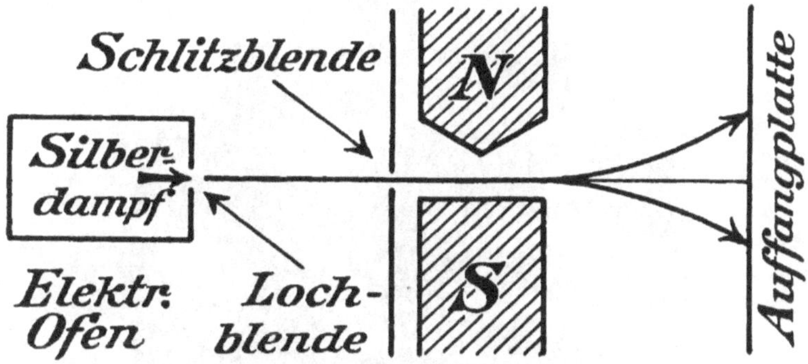

Abb. 31. Schema des Stern-Gerlachschen Versuchs zum Nachweis der Richtungsquantelung.

Dieses Ergebnis ist durch die Stern-Gerlachschen Aufnahmen voll und ganz bestätigt worden. Abb. 31 gibt eine schematische Darstellung der Versuchsanordnung. In einem elektrischen Ofen wird ein Silberkügelchen erhitzt, so daß Silberatome daraus verdampfen und mit großer Geschwindigkeit nach allen Richtungen fliegen. Durch geeignete Blenden wird ein Strahl einer bestimmten Richtung ausgeblendet, der zwischen den Polen eines Magneten hindurch zur Auffangplatte fliegt. Die Pole sind verschieden ausgebildet, um das Feld inhomogen zu machen. Abb. 32 gibt das Bild der Auffangplatte wieder, auf der man deutlich die Stelle sieht, wo der Atomstrahl aufgetroffen ist. Das Magnetfeld war dabei nicht eingeschaltet. Nach

Einschalten des Feldes wird auf jedes Atom eine Kraft von der durch (7) gegebenen Größe ausgeübt und es dadurch aus seiner Bahn abgelenkt. Je nach seiner Einstellung, ob parallel oder antiparallel, wird es dabei entweder der Kraft $+\mu \frac{\partial H}{\partial s}$ oder der Kraft $-\mu \frac{\partial H}{\partial s}$ unterworfen sein.

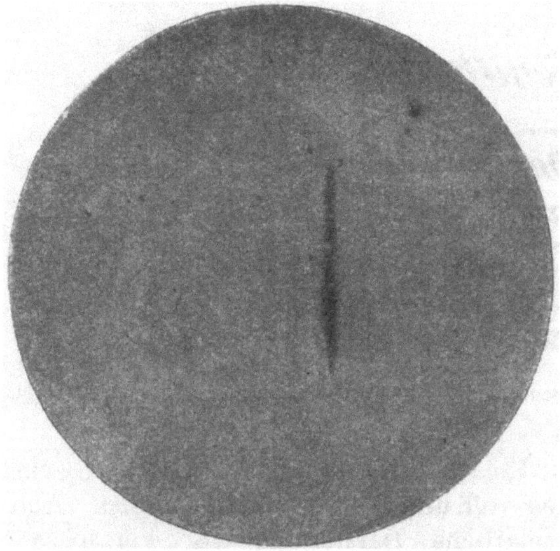

Abb. 32. Originalaufnahme des Stern-Gerlach-Versuchs an Silberatomen. Auffangplatte mit unabgelenktem Atomstrahl ohne Magnetfeld. 20fache Vergrößerung.

Aus „Zeitschrift für Physik", Band 9. Berlin, Julius Springer.

Der Atomstrahl wird dadurch in zwei Teile gespalten, von denen der eine rechts, der andere links abgelenkt wird, und es entsteht auf der Platte das Bild der Abb. 33. Die kleine Unsymmetrie an der linken Seite rührt von der schon erwähnten Unsymmetrie des Magneten her. Im übrigen ist die Ablenkung genau symmetrisch nach beiden

Seiten; die Mitte dagegen ist frei, weil der Wert $K = 0$ unmöglich ist und deshalb an den Ort des unabgelenkten Strahles kein Atom gelangen kann.

Würde keine Richtungsquantelung bestehen, so wäre ein völlig anderer Effekt zu erwarten. Die klassische Elektrodynamik ergibt eine Streuung der Atome nach rechts

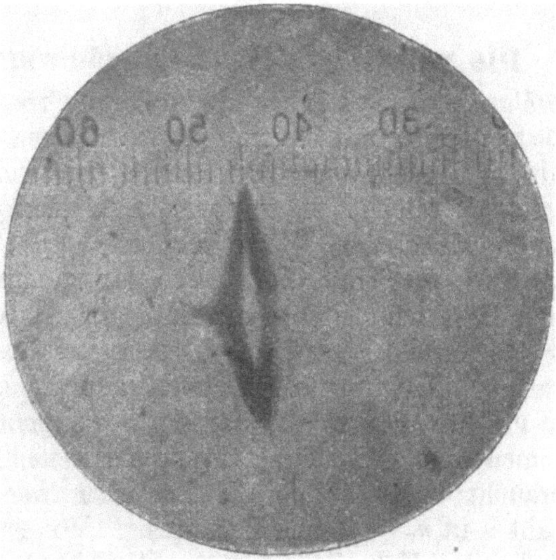

Abb. 33. Originalaufnahme des Stern-Gerlach-Versuchs an Silberatomen. Aufspaltung des Atomstrahls in zwei Teile nach Einschalten des Magnetfeldes. 20fache Vergrößerung.

Aus „Zeitschrift für Physik", Band 9. Berlin, Julius Springer.

und links mit einem Intensitätsmaximum in der Mitte, an der Stelle des unabgelenkten Strahles. Hier liegt eines der eklatantesten Beispiele für einen Fall vor, in dem die klassische Theorie vollständig versagt und das Experiment zugunsten der Quantentheorie entscheidet. Das Beispiel ist um so schöner, als die Theorie hier nicht zur nachträglichen Erklärung herangezogen wurde, sondern umgekehrt das Experiment von der Theorie vorausgesagt wurde und sie dadurch glänzend bestätigte.

Bei quantitativer Ausmessung der Ablenkung ergab sich das magnetische Moment des Silberatoms zu genau einem Bohrschen Magneton, was nach (5) wegen $j = 1/2$ und $g = 2$ zu erwarten war.

§ 17. Die relativistische Keplerbewegung.

Wir wollen uns nun von einer Beschränkung frei machen, die wir bisher immer mit herumgeschleppt haben, und die zum mindesten unschön war. Wir haben es eigentlich immer mit entarteten Systemen zu tun gehabt, insofern als eine der Quantenbedingungen überflüssig war und in dem Energieausdruck stets nur die Summe der Quantenzahlen auftrat, die Unterteilung aber belanglos blieb. Selbst im Falle des Magnetfeldes blieb das System rein periodisch und entartet; denn obgleich die Richtungsquantelung dazu kam und für die nun zu quantelnde Komponente des Impulsmomentes nach der Feldrichtung eine neue Quantenzahl gebraucht wurde, blieb die Trennung der Hauptquantenzahl n in $n_r + j$ ohne Bedeutung. Wir erwähnten schon, daß eine Komplizierung der Verhältnisse durch äußere oder Atomfelder geeignet ist, die Entartung aufzuheben; für das Wasserstoffatom wird das durch die von der Relativitätstheorie geforderte Abhängigkeit der Elektronenmasse von der Geschwindigkeit geleistet; auf die äquivalente Erscheinung bei anderen Atomen kommen wir dabei zu sprechen.

Dieses Problem, bei dem es sich nicht mehr um ein rein periodisches System handelt, hat insofern eine besondere Bedeutung erlangt, als es das erste dieser Art war, das überhaupt bearbeitet wurde. Seine Erledigung durch A. Sommerfeld im Jahre 1915 hat damit den Anstoß zur Ausbildung einer allgemeinen Theorie bedingt periodischer Systeme gegeben.

Die Relativitätstheorie fordert bekanntlich, daß die Masse eines Körpers von seiner Geschwindigkeit v abhängt, und zwar ist, wenn wir die Masse des Elektrons im Gegensatz zur „Ruhmasse" m_0 mit m bezeichnen — eine Verwechselung mit der magnetischen Quantenzahl m der vorhergehenden Paragraphen ist wohl nicht zu befürchten —

$$(1) \qquad m = \frac{m_0}{\sqrt{1-\beta^2}}$$

mit der Abkürzung

$$\beta = \frac{v}{c}$$

Ferner ist die kinetische Energie

$$(2) \qquad E_{kin} = c^2(m - m_0) = m_0 c^2\left(\frac{1}{\sqrt{1-\beta^2}} - 1\right)$$

was, wenn man nach β entwickelt, im $lim\,\beta \to 0$, d. h. $lim\,c \to \infty$ in den klassischen Energieausdruck $\frac{1}{2} m_0 v^2$ übergeht.

Nach (2) ist

$$\beta^2 = \frac{v^2}{c^2} = \frac{1}{c^2}(\dot{r}^2 + r^2\dot{\varphi}^2)$$
$$= \frac{1}{m^2 c^2}\left(p_r^2 + \frac{1}{r^2} p_\varphi^2\right)$$

mit

$$p_r = m\dot{r}$$
$$p_\varphi = mr^2\dot{\varphi}$$

wie in § 13. Daraus folgt unter Benutzung von (1)

$$(3)\qquad \frac{\beta^2}{1-\beta^2} = \frac{1}{m_0^2 c^2}\left(p_r^2 + \frac{1}{r^2} p_\varphi^2\right)$$

und da wegen der Quantenbedingungen wieder

$$(4)\qquad \oint p_r\, dr = n_r h \qquad p_\varphi = p = \frac{kh}{2\pi}$$

ist,

$$(5)\qquad \frac{1}{1-\beta^2} = 1 + \frac{p^2}{m_0^2 c^2}\left[\frac{1}{r^2} + \left(\frac{p_r}{p_\varphi}\right)^2\right]$$

Führt man noch an Stelle von r die Variable

$$(6)\qquad \varrho = \frac{1}{r}$$

ein und beachtet, daß

$$(7)\qquad \frac{p_r}{p_\phi} = \frac{\dot r}{r^2 \dot\varphi} = \frac{1}{r^2}\frac{dr}{d\varphi} = -\frac{d\varrho}{d\varphi}$$

ist, so erhält man

$$(8)\qquad \frac{1}{1-\beta^2} = 1 + \frac{p^2}{m_0^2 c^2}\left[\varrho^2 + \left(\frac{d\varrho}{d\varphi}\right)^2\right]$$

Andererseits folgt aus der Energiegleichung

$$(9)\qquad m_0 c^2\left(\frac{1}{\sqrt{1-\beta^2}} - 1\right) - \frac{eE}{r} = W$$

der Ausdruck

$$(10)\qquad \frac{1}{1-\beta^2} = \left(1 + \frac{W}{m_0 c^2} + \frac{Ze^2}{m_0 c^2}\varrho\right)^2$$

Durch Gleichsetzen von (8) und (10) ergibt sich

$$(11)\qquad \left(\frac{d\varrho}{d\varphi}\right)^2 = \frac{m_0 W}{p^2}\left(2 + \frac{W}{m_0 c^2}\right) + 2\,\frac{Ze^2 m_0}{p^2}\left(1 + \frac{W}{m_0 c^2}\right)\varrho - \left(1 - \frac{Z^2 e^4}{p^2 c^2}\right)\varrho^2$$

was sich durch nochmaliges Differenzieren nach φ leicht auf die Form

$$\frac{d^2\varrho}{d\varphi^2} = A - \gamma^2\varrho \tag{12}$$

mit den Abkürzungen

$$\begin{cases} A = \dfrac{Ze^2 m_0}{p^2}\left(1 + \dfrac{W}{m_0 c^2}\right) \\ \gamma = \sqrt{1 - \dfrac{Z^2 e^4}{p^2 c^2}} \end{cases} \tag{13}$$

bringen läßt. Die Lösung von (12) ist

$$\varrho = \frac{1}{r} = A + C \cos \gamma(\varphi - \varphi_0) \tag{14}$$

Sie unterscheidet sich von der, die wir S. 94 Gl. (9) erhalten hatten, durch den charakteristischen Faktor γ unter dem Cosinus, der bewirkt, daß der gleiche Wert von ϱ bzw. r nicht nach einer Vermehrung von φ um 2π, also gerade nach einem vollen Umlauf, wiederkehrt, sondern nach Vermehrung von φ um $\dfrac{2\pi}{\gamma} > 2\pi$. Jede Stelle der Bahn, also etwa das Perihel oder das Aphel, rückt bei jedem Umlauf gewissermaßen um den Betrag

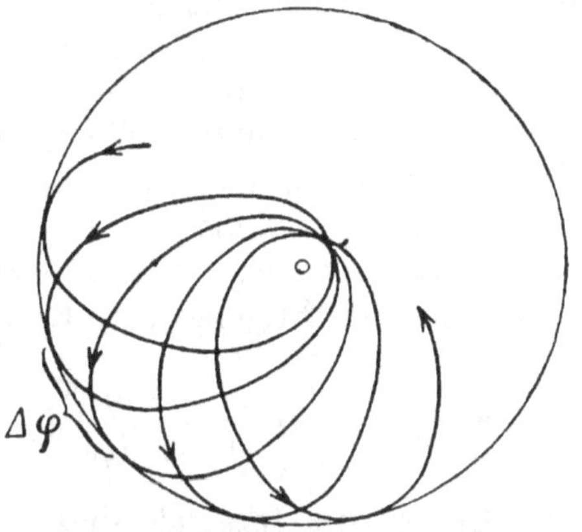

Abb. 34. Keplerellipse mit Periheldrehung (Rosette).

(15) $$\Delta\varphi = \frac{2\pi}{\gamma} - 2\pi$$

vor. In einem Koordinatensystem, das diese Perihelbewegung mitmacht, haben wir eine gewöhnliche Keplerbewegung; die Gleichung

(16) $$\varrho = A + C \cos\psi$$

mit

(17) $$\psi = \gamma\varphi$$

— φ_0 können wir weglassen, wenn wir die Azimute wieder vom Perihel ab zählen — hat dieselbe Form, wie Gl. (9) auf S. 94. Im rotierenden System ist die Bahn also wieder geschlossen und hat die Form einer gewöhnlichen Keplerellipse. Auf ein raumfestes System bezogen, würde die Bahn nur dann geschlossen sein, d. h. nach einer Anzahl von Umläufen wieder in sich zurücklaufen, wenn das durch (15) definierte $\Delta\varphi$ in einem rationalen Verhältnis zu 2π stände. Da das nicht der Fall ist, erfüllt die Bahn den Kreisring zwischen r_{min} und r_{max} überall dicht.

Wir wollen jetzt die Quantenbedingung nach r [Gl. (4)] ausrechnen. Ähnlich wie in Gl. (20) auf S. 98 erhalten wir unter Berücksichtigung der Relation (7)

(18) $$p \int\limits_{\psi=0}^{\psi=2\pi} \left(\frac{1}{r}\frac{dr}{d\varphi}\right)^2 d\varphi = n_r h$$

Die Grenzen des Integrals sind diesmal andere als oben, da bedingungsgemäß das Integral über den vollen Wertebereich der Koordinate zu erstrecken ist und der Umlauf von einem Perihel über das Aphel zum nächsten Perihel hier einer Zunahme des Winkels ψ um 2π entspricht [vgl. Gl. (16)], während oben bei dem Problem ohne Periheldrehung r seinen gesamten Wertevorrat durchlief, wenn φ von 0 bis 2π wuchs.

Aus der Bahngleichung (16), die wir wieder in der Form

$$\varrho = \frac{1}{r} = \frac{1}{a}\,\frac{1 + \varepsilon \cos \gamma\varphi}{1 - \varepsilon^2} \tag{19}$$

schreiben können, folgt durch logarithmische Differentiation

$$\frac{1}{r}\,\frac{dr}{d\varphi} = \frac{\varepsilon\gamma \sin \gamma\varphi}{1 + \varepsilon \cos \gamma\varphi} \tag{20}$$

und daher

$$p\gamma \int\limits_0^{2\pi} \frac{\varepsilon^2 \sin^2 \psi}{(1 + \varepsilon \cos \psi)^2}\, d\psi = n_r h \tag{21}$$

Das ist dasselbe Integral wie in Gl. (22) S. 98, und so ergibt sich entsprechend

$$p\gamma \int\limits_0^{2\pi} \left(\frac{1}{1 + \varepsilon \cos \psi} - 1\right) d\psi = n_r h$$

$$2\pi p \gamma \left(\frac{1}{\sqrt{1 - \varepsilon^2}} - 1\right) = n_r h \tag{22}$$

woraus mit Hilfe von (4)

$$1 - \varepsilon^2 = \frac{k^2\gamma^2}{(n_r + k\gamma)^2} \tag{23}$$

folgt. Mit der Abkürzung

$$\alpha = \frac{2\pi e^2}{hc} \tag{24}$$

der sogenannten „Feinstrukturkonstanten", schreibt sich (23)

$$1 - \varepsilon^2 = \frac{k^2 - \alpha^2 Z^2}{(n_r + \sqrt{k^2 - \alpha^2 Z^2})^2} \tag{25}$$

Wie oben § 13 Gl. (11) und (13) ergibt sich nun der Energiewert $W(n, k)$ als Funktion der Quantenzahlen leicht durch Betrachtung der Gleichung

$$\frac{d\varrho}{d\varphi} = 0. \tag{26}$$

Aus Gl. (11) S. 120 folgt dann

$$\begin{cases} \varrho_{min} + \varrho_{max} = \dfrac{2}{a(1-\varepsilon^2)} = 2\,\dfrac{Ze^2 m_0}{\gamma^2 p^2}\left(1 + \dfrac{W}{m_0 c^2}\right) \\ \varrho_{min} \cdot \varrho_{max} = \dfrac{1}{a^2(1-\varepsilon^2)} = -\dfrac{m_0 W}{\gamma^2 p^2}\left(2 + \dfrac{W}{m_0 c^2}\right) \end{cases} \tag{27}$$

Indem man die erste dieser beiden Gleichungen quadriert und durch die zweite dividiert, eliminiert man a und erhält

$$1 - \varepsilon^2 = \frac{\gamma^2}{1-\gamma^2}\left\{\frac{1}{\left(1 + \dfrac{W}{m_0 c^2}\right)^2} - 1\right\} \tag{28}$$

Dabei ist

$$\frac{\gamma^2}{1-\gamma^2} = \frac{k^2 - \alpha^2 Z^2}{\alpha^2 Z^2} \tag{29}$$

ohne weiteres aus (13) abzulesen. Durch Gleichsetzen von (25) und (28) erhält man nach elementarer Umrechnung

$$1 + \frac{W(n,k)}{m_0 c^2} = \left\{1 + \frac{\alpha^2 Z^2}{(n_r + \sqrt{k^2 - \alpha^2 Z^2})^2}\right\}^{-\frac{1}{2}} \tag{30}$$

α ist eine sehr kleine Zahl; durch Einsetzen der numerischen Werte für die darin auftretenden universellen Konstanten erhält man

$$\alpha = 7{,}29 \cdot 10^{-3} \qquad \alpha^2 = 5{,}31 \cdot 10^{-5} \tag{31}$$

so daß selbst $\alpha \cdot Z$ für nicht zu große Werte der Kernladungszahl immer noch sehr klein ist. Man kann daher $W(n, k)$ unbedenklich in eine Reihe nach Potenzen von $\alpha^2 Z^2$ entwickeln und nach dem ersten Gliede abbrechen. So ergibt sich mit

$$n = n_r + k \tag{32}$$

(33) $W(n, k) = -R h Z^2 \left\{\frac{1}{n^2} + \frac{\alpha^2 Z^2}{n^4}\left(\frac{n}{k} - \frac{3}{4}\right) + \cdots\right\}$

§ 18. Die Aufspaltung der Wasserstofflinien.

Entwickelt man Gl. (25) des vorigen Paragraphen ebenfalls nach Potenzen von $\alpha^2 Z^2$, so findet man

(1) $$\sqrt{1 - \varepsilon^2} = \frac{b}{a} = \frac{k}{n}\left(1 - \frac{\alpha^2 Z^2 n_r}{2 k^2 n} - \cdots\right)$$

Man sieht also, daß die Relation (27) von S. 99, die für das gewöhnliche Keplerproblem gilt,

(2) $$\frac{b}{a} = \frac{k}{n}$$

angenähert gültig bleibt, und daß der Schluß

(3) $$k \leqq n$$

hier wie dort zutrifft. Allerdings ist die Bedeutung dieser Relation jetzt ungleich größer; denn nun hängt die Energie W nicht mehr allein von der Hauptquantenzahl n ab, sondern auch explizit von der Nebenquantenzahl k. Der k entsprechende Freiheitsgrad ist infolgedessen nicht mehr entartet, und die Bestimmung der kleinen Halbachse der Ellipsenbahn gewinnt jetzt eine wirkliche mechanische Bedeutung. Nun können wir also mit viel größerer Berechtigung als oben von

$$n_k - \text{Bahnen}$$

sprechen. Bei festem n kann k wegen (3) die n verschiedenen Werte

$$k = 1, 2, 3 \ldots . (n-1), n$$

annehmen; der Wert $k = 0$ ist vermutlich auszuschließen, weil er auf Grund von (2) zu einer Pendelbahn ($b = 0$) führen würde. Sieht man einmal von der Periheldrehung ab, so ergibt sich für eine Reihe von n_k-Bahnen ungefähr das Bild der Abb. 35. Für $k = n$ ist auch $b = a$, d. h. Bahnen wie etwa 1_1, 2_2, 3_3 usw. sind Kreise. Für kleiner werdendes k wird auch b immer kleiner, so daß die entstehenden Ellipsen immer exzentrischer werden. Übrigens kann man der Gleichung (1) oder der exakteren geschlossenen Form (25) des vorigen Paragraphen ansehen, daß für $k = n$,

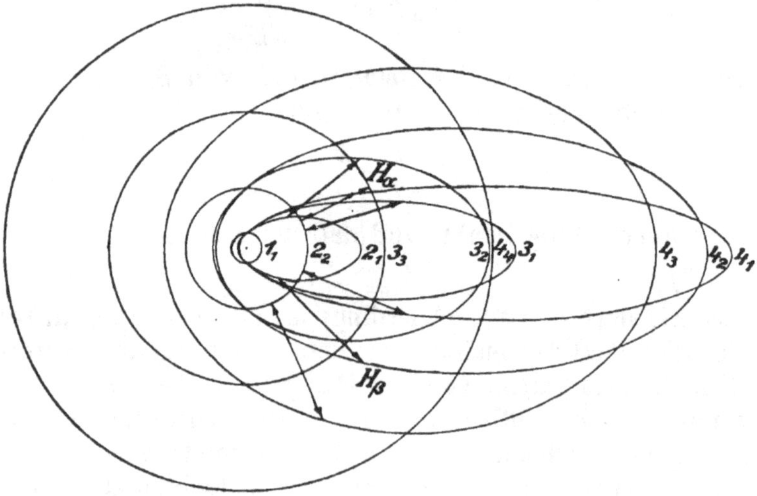

Abb. 35. n_k-Bahnen beim H-Atom.

d. h. $n_r = 0$, b genau und nicht nur näherungsweise gleich a wird.

Kehren wir nun zu unserem Energieausdruck (33) am Schlusse von § 17 zurück und bilden daraus den Term

$$(4) \qquad -\frac{W(n,k)}{h} = RZ^2 \left\{ \frac{1}{n^2} + \frac{\alpha^2 Z^2}{n^4} \left(\frac{n}{k} - \frac{3}{4} \right) + \ldots . \right\}$$

so sehen wir darin deutlich zwei Teile unterschieden. Der erste Teil, der nur von n allein abhängt, ist der Balmerterm, der zweite die durch die Relativitätstheorie daran angebrachte Korrektion. Die Relativitätskorrektion ist, da wegen (3) $\frac{n}{k} \geqq 1$ und a fortiori größer als $^3/_4$ ist, stets positiv; die Terme erleiden also sämtlich eine Verschiebung nach oben, die aber für jeden Term verschieden ist, weil die Korrektion von n und k abhängt. Sie ist bei gegebenem n am kleinsten für die Kreisbahn $k = n$, nämlich

$$\frac{\alpha^2 Z^2}{4 n^4}.$$

Die Frequenz der ausgestrahlten Linie ist die Differenz zweier Terme. Solange, wie bei der nicht relativistischen Behandlung, der Termwert nur von n, nicht aber von k abhängt und somit die Terme aller n_k-Bahnen mit gleichem n trotz verschiedener k zusammenfallen, ist natürlich auch den Spektrallinien von der Nebenquantenzahl k nichts anzumerken. Jetzt aber, wo der durch n charakterisierte Term nach den verschiedenen k-Werten in n Teilterme oder Unterniveaus aufspaltet, wird auch eine Linienaufspaltung die Folge sein, die wir als Feinstruktur bezeichnen. Nennen wir die Quantenzahlen des Anfangszustandes n' und k', die des Endzustandes n'' und k'', so treten innerhalb der dem Übergange

$$(n') \longrightarrow (n'')$$

entsprechenden Linie nicht sämtliche möglichen Feinstrukturkomponenten auf, die also allen möglichen Übergängen

$$(n', k') \longrightarrow (n'', k'') \tag{5}$$

entsprechen würden, sondern nur diejenigen, bei denen sich k' und k'' um eine Einheit unterscheiden. Für solche Übergänge (5) gilt also die Auswahlregel

(6) $$\Delta k = \pm 1$$

die allerdings in Anwesenheit starker Felder durchbrochen wird. Eine andere Auswahlregel für die magnetische Quantenzahl m haben wir in § 15, Gl. (4) kennen gelernt.

In der Spektroskopie pflegt man nach der bequemsten Erzeugungsart das Spektrum des ungeladenen Atoms als Bogenspektrum oder auch als 1. Spektrum, das des positiven Ions als 2. Spektrum oder Funkenspektrum zu bezeichnen. Das Heliumatom besitzt im ungeladenen Zustande zwei Elektronen, das He^+-Ion ist also genau wie das Wasserstoffatom gebaut, nur daß der Kern die doppelte Ladung trägt. Das He-Funkenspektrum unterscheidet sich daher nur dadurch von dem H-Bogenspektrum, daß im ersten Falle $Z = 2$, im zweiten $Z = 1$ zu setzen ist. Da im Term stets Z^2 bzw. in der Relativitätskorrektion sogar Z^4 auftritt, ist die Feinstrukturaufspaltung bei He^+ 16 mal so groß wie bei H. Die ersten Präzisionmessungen sind von Paschen deshalb am Heliumfunkenspektrum vorgenommen worden; die Ergebnisse lassen sich leicht auf Wasserstoff umrechnen und geben eine glänzende Bestätigung der Sommerfeldschen Theorie. Als Beispiel wollen wir den konstanten Term der Balmerserie

$$\frac{RZ^2}{2^2}$$

betrachten. Hier ist also $n = 2$. An die Stelle der einen Bahn treten nun zwei, nämlich die Bahnen 2_1 und 2_2, durch die jetzt der Term in ein Dublett aufgespalten wird. Rechnet man den Unterschied nach der Formel (4) aus, so ergibt sich

$$\Delta \nu = \frac{R\alpha^2}{2^4} \cdot Z^4 = Z^4 \cdot 0{,}365 \text{ cm}^{-1}$$

während der von Paschen gemessene Wert

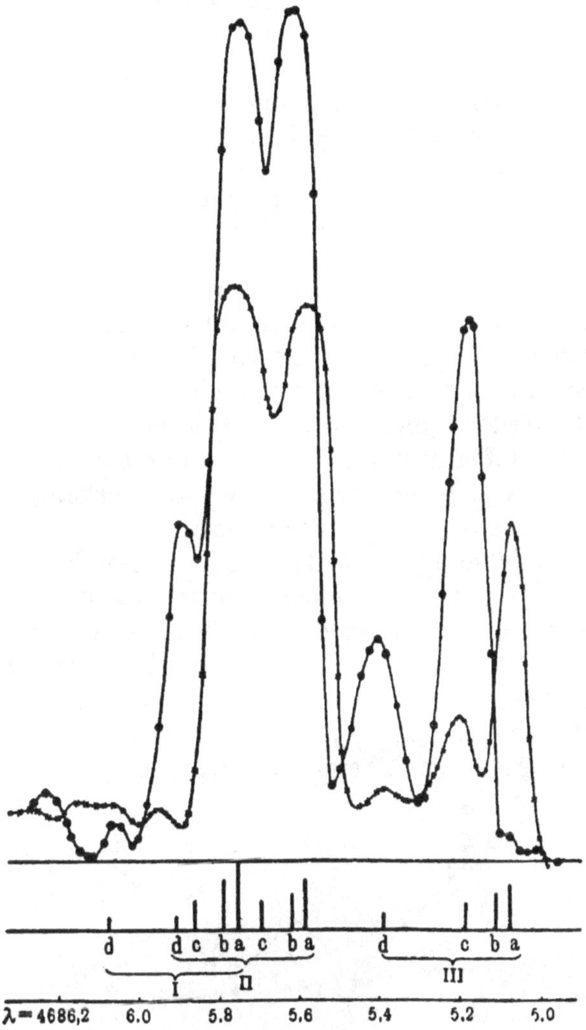

Abb. 36. Aufnahme der Feinstruktur der Linie $\lambda = 4686$ AE des Heliumfunkenspektrums von F. Paschen. ○ Gleichstrom, × Funkenentladung.

$$\Delta \nu = Z^4 \{0{,}365 \pm 0{,}0045\} \text{ cm}^{-1}$$

betrug.

Abb. 36 gibt eine der Paschenschen Aufnahmen wieder. Es handelt sich um die Linie $\lambda = 4686$ AE, die dem Übergange von $n' = 4$ nach $n'' = 3$ entspricht, also dem Gesetz

$$\nu = 4\,R\left(\frac{1}{3^2} - \frac{1}{4^2}\right)$$

gehorcht. Als Abszissen sind die Wellenlängen, als Ordinaten die mit dem Photometer gemessenen Intensitäten aufgetragen. Da jede Linie eigentlich ein Bild des Spektrometerspaltes ist, aber der Spalt nicht unendlich schmal gemacht werden kann, haben die Linien eine endliche Breite und laufen ineinander. Es ist dann eine breite Linie vorhanden, in der die einzelnen Feinstrukturkomponenten als Intensitätsmaxima erscheinen.

Die Bezeichnung ist in der Figur so gewählt, daß die durch $k' = 4, 3, 2, 1$ des oberen Zustandes $n' = 4$ unterschiedenen Teilniveaus mit a, b, c, d bezeichnet werden, die Teilniveaus $k'' = 3, 2, 1$ des unteren Zustandes $n'' = 3$ mit I, II, III. Theoretisch ergibt sich dann folgendes Aufspaltungsbild, wobei die Pfeile die nach der Auswahlregel (6) erlaubten Übergänge darstellen:

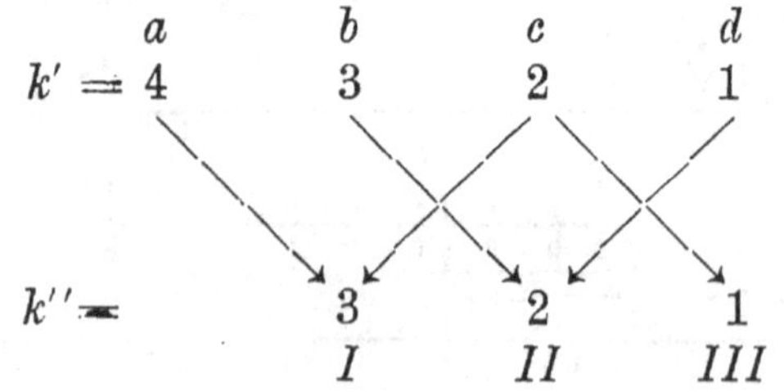

Es entstehen im ganzen fünf Komponenten *I a*, *I c*, *II b*, *II d* und *III c*. Wir betrachten nun die Photometerkurve in Abb. 36, und zwar die durch ○ bezeichnete Gleichstromaufnahme. Die verlangten Komponenten sind alle deutlich zu sehen, darüber hinaus aber auch noch *III d* ziemlich kräftig und eine schwache Andeutung von *I d*. Auf diese Durchbrechung der Auswahlregel kommen wir in Band II zurück. Die mit × bezeichnete Kurve gibt das Bild einer Funkenentladung; hier ist, wie zu erwarten war, wegen der starken Störfelder die Auswahlregel vollständig durchbrochen.

Nun noch ein Wort über die Perihelbewegung in anderen Fällen. Auf Grund der Gl. (3), (5) und (10) von S. 120 läßt sich die Energiegleichung der relativistischen Mechanik nach Bohr auch schreiben

$$(7) \qquad 1 + \frac{1}{m_0^2 c^2}\left(p_r^2 + \frac{1}{r^2} p_\varphi^2\right) = \left(1 + \frac{W + \frac{eE}{r}}{m_0 c^2}\right)^2$$

oder

$$(8) \qquad \frac{1}{2\, m_0}\left(p_r^2 + \frac{1}{r^2} p_\varphi^2\right) - \left\{\frac{eE}{r} + \frac{1}{2\, m_0 c^2}\left(W + \frac{eE}{r}\right)^2\right\} = W$$

Der erste Term links ist genau die kinetische Energie des gewöhnlichen Keplerproblems; man kann daher den Ausdruck

$$(9) \qquad - \frac{1}{2\, m_0 c^2}\left(W + \frac{eE}{r}\right)^2$$

einfach als Zusatzglied zur potentiellen Energie eines nichtrelativistischen Problems auffassen. Eine Zusatzenergie von der Form (9) liefert daher ganz genau dasselbe Resultat, wie die Berücksichtigung der relativistischen Massenveränderlichkeit des Elektrons. Die relativistische Behandlung läßt sich also durch ein Zentralkraftfeld mit der Energie (9) vollkommen ersetzen, und es entsteht die gleiche Keplerbewegung mit Periheldrehung und nichtentarteter Nebenquantenzahl. Ganz allgemein ruft jedes Zentralkraftfeld, d. h. jedes Feld, das nur von der Koordinate r abhängig ist, eine solche Bewegung hervor, wenn es nicht dem Coulombschen Gesetze gehorcht, und es vermeidet damit eine Entartung. Wenn also in einem Mehrelektronensystem ein Elektron weit draußen umläuft, während alle übrigen eine Schale in der Nähe des Kerns bilden, so wird die Bahn des äußeren Elektrons annähernd wasserstoffähnlich sein, und die innen sitzende Gesamtladung (Kern + Elektronen) ist ebenso groß wie die eines H-Kerns. Diese Ladung sitzt aber nicht genau im Mittelpunkt, sondern ist über einen endlichen Bereich seiner Umgebung verteilt. Wir werden dieser Tatsache wenigstens in erster Näherung dadurch Rechnung tragen können, daß wir ein Zentralfeld ansetzen, dessen Kraftwirkung auf das Außenelektron nicht nur von der negativen zweiten Potenz des Radius abhängt, wie beim Coulombschen Gesetz, sondern auch noch von anderen Potenzen. Der Erfolg ist, von Einzelheiten abgesehen, in jedem Falle der, daß die Bahn des Außenelektrons wirklich durch zwei Quantenzahlen n und k charakterisiert wird, so daß verschiedene k-Werte bei gleichem n tatsächlich zu verschiedenen Termen Anlaß geben.

Register.

Sommer 1929

Literatur zur Physik

Mit einem Anhang: Mathematische Literatur für den Physiker

WALTER DE GRUYTER & CO. / BERLIN W 10

Lehrbuch der Physik. Von Eduard Riecke, weiland Geheimer Regierungsrat, o. Professor an der Universität Göttingen. Zu eigenem Studium und zum Gebrauche bei Vorlesungen herausgegeben von Professor Dr. Ernst Lecher †, Vorstand des I. Physikalischen Instituts der Universität Wien, und Professor Dr. Adolf Smekal, o. Assistent am II. Physikalischen Institut der Universität Wien. Siebente, verbesserte und um eine Darstellung der Atomphysik vermehrte Auflage. Groß-Oktav.

I. Band: Mechanik und Akustik. Wärme. Optik. Mit 458 Figuren im Text. XVI, 656 Seiten. 1923 . . . . RM. 12.60, geb. RM. 14.—

II. Band: Magnetismus und Elektrizität. Atomphysik. Mit einem Bildnis von E. Lecher † und 319 Figuren im Text. XVI, 725 Seiten. 1928. RM. 15.—, geb. RM. 17.—

Rieckes berühmtes „Lehrbuch der Physik", das die Mitte zwischen ausführlichen Werken und kurzen Kompendien hält, liegt nach Erscheinen des zweiten Bandes nunmehr vollständig in siebenter Auflage vor. Smekal hat den vorliegenden zweiten Band auf den letzten Stand der Forschungsergebnisse gebracht, verschiedentliche Änderungen vorgenommen und das Kapitel „Atomphysik" neu eingefügt.

Lehrbuch der Physik. Nach Vorlesungen an der Technischen Hochschule zu München. Von H. Ebert, weil. Professor an der Technischen Hochschule München.

I. Band. Mechanik. Wärmelehre. Mit 168 Abbildungen. Zweite Auflage. Groß-Oktav. XX, 661 Seiten. 1917. Anastatischer Neudruck. 1920. Geb. RM. 21.50

II. Band, I. Teil. Die elektrischen Energieformen. Fertiggestellt und herausgegeben von Professor C. Heinke. Mit 341 Abbildungen im Text. Groß-Oktav. XX, 687 Seiten. 1920 . . . . RM 22.— geb. RM. 24.—

II. Band, II. Teil. Die strahlende Energie. Mit 196 Abbildungen im Text. Groß-Oktav. XII, 416 Seiten. 1923 . . . . . RM. 15.—, geb. RM. 16.50

Das Lehrbuch ist nach Umfang und Stoffbehandlung für diejenigen Physikstudierenden bestimmt, denen die Anwendung bei der Lösung technischer Probleme Endzweck des Studiums ist.

Die Physik. Von Dr. Leo Graetz, o. ö. Professor der Physik an der Universität München. Mit 395 teils farbigen Abbildungen im Text und 12 farbigen und schwarzen Tafeln. Zweite, verbesserte und vermehrte Auflage. Royal-Oktav. XII, 582 Seiten. 1923 . . . . . RM. 10.—, geb. RM. 12.50

Der Stoff ist in folgende Abschnitte eingeteilt: Die materiellen Körper. Die Elektronen. Strahlungserscheinungen und der Äther. Strahlen, Elektronen und Materien. Die Darstellung ist trotz aller Wissenschaftlichkeit allgemeinverständlich und lebhaft.

Einführung in die geometrische Optik. Von Dr. W. Hinrichs, wissenschaftlicher Mitarbeiter an der Optischen Anstalt C. P. Goerz A.-G., Berlin-Friedenau. Zweite, verbesserte Auflage. Mit 56 Figuren. 1924. (Sammlung Göschen Bd. 532) . . . . Geb. RM. 1.50

Das Buch gibt die Grundlagen des Gebiets bis zur Brechung durch ein zentriertes System von Kugelflächen und zu den einfachsten Linsenfällen. Jedem Abschnitt sind Übungsbeispiele beigegeben.

Radioaktivität. Von Dr. P. Ludewig, Professor an der Bergakademie in Freiberg in Sachsen. Mit 37 Abbildungen. 133 Seiten. 1921. (Sammlung Göschen Bd. 317) . . . . Geb. RM. 1.50

Kurze Einführung in das periodische System der Elemente, Atomzerfall und Radioaktivität, Radioelemente und physikalische Eigenschaften und Wirkungen der radioaktiven Strahlen, in die Grundlagen der radioaktiven Messungen und Anwendung der radioaktiven Strahlen in der Medizin.

Röntgenstrahlen. (Physik, Technik und Anwendung.) Von Dr. phil. nat. Richard Herz in Frankfurt a. M. Mit 48 Figuren im Text und 36 Abbildungen auf 16 Tafeln. 1926. (Samml. Göschen Bd. 950) Geb. RM. 1.50

Das Buch wendet sich an Ärzte, Röntgenassistenten, Ingenieure, Techniker und vor allem an Studierende der Medizin und Naturwissenschaften.

Luftelektrizität. Von Dr. Karl Kähler, wissenschaftlicher Hilfsarbeiter am Preußischen Meteorologisch-Magnetischen Observatorium in Potsdam. Zweite Auflage. Mit 19 Abbildungen. 134 Seiten. 1921. (Sammlung Göschen Bd. 649) . . . . Geb. RM. 1.50

Das natürliche Feld der Erde. Das elektrische Teilvermögen der Atmosphäre. Die elektrischen Ströme in der Luft. Die radioaktiven Vorgänge in der Atmosphäre. Elektrische Wirkungen des Sonnenlichts. Ursprung der Luftelektrizität.

Röntgenspektroskopie und Kristallstrukturanalyse. Von Dr. Arthur Schleede und Dr. Erich Schneider. Zwei Bände. Groß-Oktav. 1929.
I. Band: Mit 249 Figuren und 57 Tabellen im Text. VIII, 336 Seiten.
RM. 18.50, geb. RM. 20.—
II. Band: Mit 553 Figuren und 40 Tabellen im Text. IV, 344 Seiten.
RM. 22.50, geb, RM. 24.—

Das vorliegende Werk behandelt — auf einem Minimum an Voraussetzungen aufbauend — Theorie und Praxis der Röntgenspektroskopie und Kristallstrukturanalyse. Zur Beherrschung dieser Methoden ist jedoch eine so große Zahl verschiedenartigster Kenntnisse und Fertigkeiten (Röntgenstrahlen, Hochspannung, Vakuum, Atomtheorie usw.) erforderlich, daß es denen, die sie auf irgendein Spezialproblem anwenden wollen, zur gründlichen Einarbeitung zumeist an Zeit gebricht. Hier greift das vorliegende Werk von Schleede und Schneider ein, das den Gegenstand nach der praktischen und theoretischen Seite erschöpfend behandelt.

Erdmagnetismus, Erdstrom und Polarlicht. Von Prof. Dr. A. Nippoldt, Mitglied des Preuß. Meteorolog. Instituts (Magnetisches Observatorium zu Potsdam). Mit 7 Tafeln und 18 Figuren. Dritte, verbesserte Auflage. 131 Seiten. 1921. (Sammlung Göschen Bd. 175) . . . . Geb. RM. 1.50

Eine kurze, übersichtliche und eindringliche Einführung in das Studium des Erdmagnetismus.

Einführung in die Theorie der Wärme. Von Dr. Heinrich Mache, o. ö. Professor an der Technischen Hochschule in Wien. Mit 96 Textfiguren. Groß-Oktav. VIII, 319 Seiten. 1921 . . . . . . RM. 8.—, geb. RM. 9.—

Aus dem Material von Vorlesungen entstanden und auf einem Minimum von mathematischen und physikalischen Kenntnissen aufbauend, ist das Werk eine Einführung zur streng wissenschaftlichen Behandlung dieses Themas.

Lehrbuch der Elektrotechnik. Von Professor E. Stöckhardt, Diplomingenieur und Studienrat. Dritte, umgearbeitete Auflage. Mit mehreren hundert Abbildungen. Oktav. VIII, 327 Seiten. 1925. . Geb. RM. 13.—

Einer Erläuterung der allgemeinen theoretischen Grundlagen folgt eine zusammenfassende Übersicht über Leitungen und Zubehör, Beleuchtung, Magnetismus, Gleichstromerzeuger, Sammler, Wechselstrom, Atomlehre, Quecksilberdampfgleichrichter, drahtlose Telegraphie und Telephonie.

Elektrische Stromerzeugungsmaschinen und Motoren. Kurzer Abriß ihres Aufbaues und ihrer Wirkungsweise. Leichtfaßlich dargestellt von Richard Vater, Geh. Bergrat, o. Professor an der Technischen Hochschule Berlin. Herausgegeben von Dr. Fritz Schmidt, Privatdozent an der Technischen Hochschule Berlin. Mit 116 Abbildungen im Text. Groß-Oktav. VIII, 128 Seiten. 1920 . . . . . RM. 3.—, geb. RM. 3.60

Eine gute Einführung in die technischen Grundlagen und die Wirkungsweise der Generatoren, Motoren und Transformatoren, unter Vermeidung mathematischer Ableitungen.

Die Kommutatormaschinen für einphasigen und mehrphasigen Wechselstrom. Von Dr.-Ing. e. h. M. Schenkel, Oberingenieur der Siemens-Schuckertwerke. Mit 124 Abbildungen. Oktav. VII, 259 Seiten. 1924.
RM. 10.50, geb. RM. 12.—

Der Verfasser, der seit Jahrzehnten an der Entwicklung der Kommutatormaschinen praktisch mitarbeitet, hat unter Berücksichtigung der modernsten Maschinentypen alles verstreute Material in diesem Lehrbuch zusammengefaßt.

Die Schwingung als Vortriebsfaktor in Natur und Technik. Gedanken eines Ingenieurs über das Problem der schwingenden Propulsion in Technik und Biologie. Von Hans Schramm. Mit 54 Abbildungen. Oktav. VI, 91 Seiten. 1927 . . . . RM. 4.—

Aus dem Inhalt: Die Schwingung in der Natur. Biochemische Kritik. Die Schwingung als Vortriebsfaktor im Wasser. Schwingungsleistungen der Fische. Die Schwingung im Luftmeer. Der Insektenflug. Der Vogelflug. Die Theorie der Vortriebsschwingung. Die phasenmäßige Entwicklung der Schwingung.

MATHEMATISCHE LITERATUR FÜR DEN PHYSIKER.

Lehrbuch der Mathematik für Studierende der Naturwissenschaften und der Technik. Eine Einführung in die Differential- und Integralrechnung und in die analytische Geometrie. Von Dr. Georg Scheffers, Geh. Regierungsrat, Prof. a. d. Techn. Hochschule Charlottenburg. Mit 438 Figuren. Sechste, verbesserte Auflage. Lexikon-Oktav. VIII, 743 Seiten. 1925 . . . . RM. 30.—, geb. RM. 33.—

Dieses vor allem für Studierende der Naturwissenschaften und der Technik geschriebene Lehrbuch ist in erster Linie für den Selbstunterricht bestimmt und geht daher von dem denkbar geringsten Maß von Vorkenntnissen aus: der Leser braucht nur im Buchstabenrechnen, in der Auflösung von Gleichungen ersten Grades mit einer Unbekannten und in der niederen Geometrie bewandert zu sein.

Neue Rechentafeln. Für Multiplikation und Division mit allen ein- bis vierstelligen Zahlen. Herausgegeben von Professor Dr. J. Peters, Observator am Astronomischen Recheninstitut. Folio-Format. VI, 378 Seiten. 1909 . . . . Geb. RM. 20.—
Diese Rechentafeln von Peters sind ebenfalls in französischer wie englischer Ausgabe zu haben . . . . Geb. je RM. 20.—

Dreißigste bis vierunddreißigste, verbesserte und vermehrte Auflage. Oktav. 148 Seiten und eine Tafel. 1925 . . . . Geb. RM. 6.—

„Die wohl allseitig bekannten Küsterschen Rechentafeln sind dem Chemiker, der sich ihrer einmal bedient hat, zum ungern entbehrten Werkzeug geworden, das sich in seiner bewährten Anordnung des Stoffes zu einem wirklich nützlichen und fast notwendigen Hilfsbuch entwickelt hat. Die Neuauflage erscheint wie üblich nach dem neuesten Stande der Forschung."

Zeitschrift für angewandte Chemie.

Fünfstellige Tafeln der Kreis- und Hyperbelfunktionen sowie der Funktionen e^x und e^{-x} mit den natürlichen Zahlen als Argument. Von Dr.-Ing. Keiichi Hayashi, Professor an der Kaiserlichen Kyushu-Universität Fukuoka-Hakosaki, Japan. Oktav. IV, 182 Seiten. Neudruck 1928 . . . . RM. 9.—

„Der bekannte japanische Verfasser hat aus der Notwendigkeit, die Werte beider Funktionsarten gleichzeitig zur Verfügung zu haben, Tafeln berechnet, in denen nicht nur die Hyperbelfunktionen, sondern auch die Kreisfunktionen mit verschieden großen Abstufungen, auf fünf Dezimalstellen angewendet sind. Die Anordnung dieser Tafeln ist äußerst praktisch, Druck und Papier sind ausgezeichnet, so daß die Benutzung sich bequem und einfach gestaltet. Für alle, die zahlenmäßige Rechnungen mit den genannten Funktionen häufiger auszuführen haben, ist der Gebrauch der Tafeln als praktisch und zeitsparend zu empfehlen." *Zeitschrift des Vereins Deutscher Ingenieure.*

Tafeln der Funktionen Cosinus und Sinus mit den natürlichen sowohl reellen als rein imaginären Zahlen als Argument. (Kreis- und Hyperbelfunktionen.) Von Dr. Carl Burrau. Vorwort in deutscher, französischer und englischer Sprache. Oktav. XX, 63 Seiten. 1907 . Geb. RM. 4.—

Mathematische Formelsammlung. Von Professor O. Th. Bürklen †. Vollständig umgearbeitete Neuausgabe von Dr. F. Ringleb. 241 Seiten. Mit 36 Figuren. 1927. (Sammlung Göschen Bd. 51.) . . Geb. RM. 1.50

„Eine sehr geschickt ausgewählte und recht reichhaltige Sammlung, welche wohlgeeignet ist, die Abiturienten der Gymnasien und Oberrealschulen bei den Repetitionen zu unterstützen und ihnen einen klaren Überblick über das ganze System der Elementarmathematik zu geben." *Fortschritte der Mathematik.*

Höhere Algebra. Von Dr. Helmut Hasse, o. ö. Professor der Mathematik an der Universität Halle.

I: Lineare Gleichungen. 160 Seiten. 1926. (Samml. Göschen Bd. 931.) Geb. RM. 1.50

II: Gleichungen höheren Grades. 160 Seiten. 1927. (Samml. Göschen Bd. 932.) . . . . Geb. RM. 1.50

„Es ist dem Verfasser gelungen, in engstem Rahmen das Gebäude der ‚allgemeinen' Algebra vor den Augen des Lesers aufzurichten, einer Algebra, die auf dem Fundament der Definitionen der Ringe, Körper und Integritätsbereiche aufgebaut ist." *Zeitschrift für mathem. und naturw. Unterr*

Algebra I: Die Grundlagen. Von Dr. Oskar Perron, o. ö. Professor an der Universität München. Mit 4 Figuren. VIII, 307 Seiten. 1927. (Göschens Lehrbücherei Bd. 8) . . . . RM. 10.—, geb. RM. 11.50

Algebra II: Theorie der algebraischen Gleichungen. Von Dr. Oskar Perron, o. ö. Professor an der Universität München. Mit 5 Figuren. VIII, 243 S. 1927. (Göschens Lehrbücherei Bd. 9.) RM. 8.—, geb. RM. 9.50

Band I enthält die Grundbegriffe, es folgt ein Kapitel über den polynomischen und den Taylorschen Satz und der für den Ingenieur wichtige Abschnitt über Determinanten. Anschließend folgen Kapitel über symmetrische Funktionen, Teilbarkeit und über die Existenz von Wurzeln. Band II ist der Gleichungstheorie gewidmet.

Praxis der Gleichungen. Von Dr. C. Runge, Professor an der Universität Göttingen. Zweite, verbesserte Auflage. Mit 8 Figuren. V, 172 Seiten. 1921. (Göschens Lehrbücherei Bd. 2) . . . . RM. 6.—, geb. RM. 7.—

Eine erschöpfende Darstellung der Verfahren zur numerischen Auswertung der linearen und nichtlinearen Gleichungen mit einer und mehreren Unbekannten. Dient das Werk auch in erster Linie den Bedürfnissen des praktischen Rechnens, so findet doch auch der Lehrer viele wertvolle Anregungen darin.

Einführung in die Determinantentheorie einschließlich der Fredholmschen Determinanten. Von Dr. Gerhard Kowalewski, o. Professor an der Technischen Hochschule in Dresden. Zweite, verb. Aufl. Gr.-Okt. IV, 304 Seiten. 1925 . . . . RM. 14.—, geb. RM. 15.50

„Die Kowalewskische Darstellung des umfangreichen Gebietes zeichnet sich durch die anschauliche Kraft und Klarheit der Sprache vor anderen aus. Die Beschäftigung mit diesem Buche gewährt neben dem wissenschaftlichen Gewinn einen reichen ästhetischen Genuß." *Schulwart.*

Lehrbuch der Analysis. Von Professor Edouard Goursat. I. Band. Nach der zweiten Auflage des französischen Originals übersetzt von Felix James Schwarz. Mit Begleitwort von Dr. Gerhard Kowalewski, o. ö. Professor an der Technischen Hochschule Dresden. Mit 53 Figuren. Groß-Oktav. XII, 592 Seiten. 1914 . . . . RM. 12.—, geb. RM. 13.50

Höhere Analysis. Von Dr. Fr. Junker, Rektor des Realgymnasiums und der Oberrealschule in Göppingen (Württemberg). Erster Teil: Differentialrechnung. Mit 167 Übungsbeispielen und 67 Figuren im Text. Dritte, verbesserte Auflage. Neudruck. 204 Seiten. 1925. (Samml. Göschen Bd. 87) . . . . Geb. RM. 1.50

Zweiter Teil: Integralrechnung. Mit 50 Figuren im Text. Vierte, verbesserte Auflage. 132 S. 1923. (Samml. Göschen Bd. 88.) Geb. RM. 1.50

„Die Bändchen sind eine wahre Hochschule des abstrakten Denkens, und das Werk genießt in Fachkreisen mit Recht das höchste Ansehen."
Magazin für Pädagogik.

Repetitorium und Aufgabensammlung zur Differentialrechnung. Von Rektor Dr. Fr. Junker. Vierte, verbesserte Auflage von Oberstudienrat Professor Dr. A. Witting. Mit 47 Figuren im Text. 130 Seiten. 1928. (Samml. Göschen Bd. 146) . . . . Geb. RM. 1.50

Der Band, der sich als vorzügliches Mittel zur Einübung der elementaren Sätze und Formeln der Differentialrechnung bewährt hat, erfuhr bei seiner Neuauflage eine bedeutende Verbesserung und Erweiterung.

Repetitorium und Aufgabensammlung zur Integralrechnung. Von Rektor Dr. Fr. Junker. Mit 52 Figuren im Text. Dritte, verbesserte Auflage. Neudruck. 135 Seiten. 1928. (Samml. Göschen Bd. 147.)
Geb. RM. 1.50

„Die reichhaltige Aufgabensammlung ist für den Selbstunterricht sehr geeignet. Das nützliche Büchlein wird weiterhin die verdiente große Verwendung finden."
Schweizer Pädagogische Zeitschrift.

Elementare Reihenlehre. Von Dr. Hans Falckenberg, Professor an der Universität Gießen. Mit 4 Figuren im Text. 136 Seiten. 1926. (Samml. Göschen Bd. 943) . . . . Geb. RM. 1.50

Das Bändchen will mehr bieten als das, was in jedem Lehrbuch der Infinitesimalrechnung über unendliche Reihen enthalten ist, und fügt deshalb z. B. der Erörterung über das Cauchysche Divergenz- und Konvergenzkriterium auch solche über das Raabesche, das logarithmische und das Gaußsche an.

Zweiter Teil: Anwendungen und Weiterführungen der allgemeinen Theorie. Mit 7 Figuren. Zweite, vollständig neubearbeitete Auflage. Durchgesehener Neudruck. 138 Seiten. 1926. (Samml. Göschen Bd. 703.) Geb. RM. 1.50

„Die beiden vollständig neubearbeiteten Bände seien allen Studierenden der Mathematik als Muster klarer und strenger Darstellung aufs wärmste empfohlen."

Monatsschrift für Mathematik und Physik.

Aufgabensammlung zur Funktionentheorie. Von Dr. Konrad Knopp, o. Professor an der Universität Tübingen.

Erster Teil: Aufgaben zur elementaren Funktionentheorie. 135 Seiten. 1923. (Samml. Göschen Bd. 877) . . . . Geb. RM. 1.50

Zweiter Teil: Aufgaben zur höheren Funktionentheorie. 143 Seiten. 1928. (Samml. Göschen Bd. 878) . . . . Geb. RM. 1.50

Die Mehrzahl der in den beiden Bänden enthaltenen Aufgaben beziehen sich auf Knopps „Funktionentheorie" (Samml. Göschen Bd. 668 und 703). Sämtlichen Aufgaben sind die Lösungen beigegeben.

Elliptische Funktionen. Von Dr. R. König, o. Professor der Mathematik an der Universität Jena, und Dr. M. Krafft, a. o. Professor an der Universität Marburg i. H. Mit 4 Figuren. 263 Seiten. 1928. (Göschens Lehrbücherei Bd. 11) . . . . RM. 13.—, geb. RM. 14.50

Das Buch will den Studierenden und Fachmann die elliptischen Funktionen als Glied eines großen Organismus verstehen lehren, der mit den einfachsten analytischen Funktionen, den rationalen, beginnt und schließlich zu den Riemannschen Funktionensystemen emporwächst.

Potentialtheorie. Von Dr. W. Sternberg, Privatdozent in Heidelberg.

I. Die Elemente der Potentialtheorie. Mit 5 Figuren. 136 Seiten. 1925. (Samml. Göschen Bd. 901) . . . . Geb. RM. 1.50

II. Die Randwertaufgaben der Potentialtheorie. Mit 1 Figur. 133 Seiten. 1926. (Samml. Göschen Bd. 944) . . . . Geb. RM. 1.50

„Die Bände geben einen klaren Einblick in die Gedankengänge und Beweismethoden der Potentialtheorie. Da es dem Verfasser gelungen ist, trotz der räumlichen Enge alle erforderlichen Beweise exakt durchzuführen, ist das Werk als Hilfsbuch neben einer Vorlesung durchaus zu empfehlen."

Zeitschrift für den mathem. u. naturw. Unterricht.

Theorie des Potentials und der Kugelfunktionen. Von Professor Dr. A. Wangerin in Halle a. d. S.

I. Teil: Mit 46 Figuren. VIII, 255 Seiten. Unveränderter Neudruck. 1922. (Samml. Schubert Bd. 58) . . . . Geb. RM. 4.—

II. Teil: Mit 17 Figuren. VIII, 286 Seiten. 1921. (Samml. Schubert Bd. 59.) Geb. RM. 4.—

„Wer in die Potentialtheorie eindringen will, findet in dem leichtverständlichen Buch einen zuverlässigen und angenehmen Führer."

Zeitschrift f. d. mathem. u. naturwiss. Unterricht.

Numerische Integration. Von Professor Dr. F. A. Willers. Mit 2 Figuren. 116 Seiten. 1923. (Samml. Göschen Bd. 864) . . . . . Geb. RM. 1.50

Die Darstellung ist sehr übersichtlich und so elementar als möglich gehalten. Sie setzt nur die Kenntnisse der Grundgesetze der Differential- und Integralrechnung voraus und wendet sich an Mathematiker, Physiker und vor allem an Ingenieure, für die das Buch eine gute Anleitung und Einführung ist.

Graphische Integration. Von Professor Dr. F. A. Willers. Mit 53 Figuren. 142 Seiten. 1920. (Samml. Göschen Bd. 801) . . . . . Geb. RM. 1.50

Der Verfasser versucht einem weiteren Kreise die immer noch zu wenig benutzten zeichnerischen Methoden bekanntzumachen. Er setzt dabei so wenig Vorkenntnisse wie möglich voraus.

Praktisches Zahlenrechnen. Von Professor Dr.-Ing. P. Werkmeister in Dresden. Mit 60 Figuren. Zweite, verbesserte Auflage. 135 Seiten. 1929. (Samml. Göschen Bd. 405) . . . . Geb. RM. 1.50

Das Buch gibt eine übersichtliche Auskunft über die in der Praxis angewendeten Arten des Rechnens. Es wird daher in allen Kreisen der Technik und Naturwissenschaft ein willkommener Führer und Ratgeber sein.

Mathematische Instrumente. Von Professor Dr. Fr. A. Willers. Mit vielen Figuren. 144 Seiten. 1926. (Samml. Göschen Bd. 922.) Geb. RM. 1.50

Der Band bringt nicht nur eine Beschreibung der mathematischen Instrumente, sondern auch eine genaue Theorie, aus der die Anwendungsmöglichkeiten, die beste Art des Gebrauchs sowie die Größe der auftretenden Ungenauigkeiten abgeleitet werden.

Taschenbuch für praktische Geometrie. Von Dr. H. Löschner, o. ö. Professor an der Deutschen Technischen Hochschule in Brünn. Mit 10 Figuren im Text. Klein-Oktav. X, 147 Seiten. 1922. Geb. RM. 2.—

Der vorliegende Band enthält die wichtigen Formeln der praktischen Geometrie, die Konstanten und Genauigkeitsangaben, Leitsätze für die Beobachtungen und Merkregeln für die Behandlung, Beförderung und Aufbewahrung geodätischer Instrumente und Geräte.

Nichteuklidische Geometrie. Von Professor Dr. Richard Baldus. Mit 71 Figuren. 152 Seiten. 1927. (Samml. Göschen Bd. 970.) Geb. RM. 1.50

Wenn auch der Band durch möglichste Klarheit und zahlreiche Figuren, auf die besondere Sorgfalt verwendet wurde, zunächst auf den Neuling auf diesem Gebiet Rücksicht nimmt, so dürfte doch auch der Fachmann manches Neue darin finden. Daß bis zu den Übergängen aus dem mathematischen in das rein philosophische Gebiet vorgedrungen wird, dürfte philosophisch interessierten Lesern willkommen sein.

Nichteuklidische Geometrie. Von Prof. Dr. H. Liebmann in Heidelberg. Mit 40 Figuren. Dritte Auflage. 150 Seiten. 1923. RM. 6.—, geb. RM. 7.—

Das vorliegende Buch will, möglichst wenig an mathematischen Kenntnissen voraussetzend, in die nichteuklidische Geometrie einführen, und zwar nur auf einem Gebiete — dem der Ebene —, auf diesem aber gründlich dargestellt.

Kreis und Kugel. Von Dr. Wilhelm Blaschke, o. Prof. an der Universität Hamburg. Mit 27 Figuren im Text. Groß-Oktav. X, 169 Seiten. 1916. RM. 4.40, geb. RM. 5.50

Projektive Geometrie in synthetischer Behandlung. Von Dr. Karl Doehlemann, o. ö. Professor an der Technischen Hochschule München. Fünfte, verbesserte Auflage.

Erster Teil. Mit 59 Figuren. 132 Seiten. 1922. (Samml. Göschen Bd. 72.) Geb. RM. 1.50

Zweiter Teil. Mit 55 Figuren. 138 Seiten. 1924. (Samml. Göschen Bd. 876.) Geb. RM. 1.50

„Die Darstellung ist musterhaft klar und leichtverständlich und wird durch übersichtliche Zeichnungen und zahlreiche Aufgaben aufs trefflichste illustriert."
Bayerische Blätter für das Gymnasialschulwesen.

Wahrscheinlichkeitsrechnung. Von Dr. Otto Knopf, o. Professor der Astronomie an der Universität Jena. I. 112 Seiten. 1923. II. 112 Seiten. 1923. (Samml. Göschen Bd. 508 und 871) . . . . . . Geb. je RM. 1.50

Eine knappe, klare Darstellung der Wahrscheinlichkeitsrechnung, deren Wert für die mathematischen Grundlagen des Versicherungswesens, für die statistische Mechanik und neuerdings auch für das Fernsprechwesen auf der Hand liegt.

Graphische Darstellung in Wissenschaft und Technik. Von Professor Dr. Marcello Pirani, Privatdozent an der Technischen Hochschule in Charlottenburg. Mit 58 Figuren. Neudruck. 126 Seiten. 1922. (Samml. Göschen Bd. 728) . . . . Geb. RM. 1.50

Von der einfachen Darstellung von Größen mit unbekanntem Zusammenhang in Form von Kurven oder Skalen ausgehend, geht der Verfasser zur Darstellung von Größen bekannter Abhängigkeit (Funktionsskalen, insbesondere logarithmische projektive Teilung) über und bespricht dann die Aufstellung von Rechentafeln namentlich mit der Methode der fluchtrechten Punkte oder mit Hilfe mehrerer gekreuzter Linien.

Graphische Statik mit besonderer Berücksichtigung der Einflußlinien. Von Dipl.-Ing. Otto Henkel, Bauingenieur und Studienrat an der Baugewerkschule in Erfurt. 2 Teile. (Samml. Göschen Bd. 603 u. 695.) Geb. je RM. 1.50

Vorlesungen über graphische Statik. Von Dr. Fr. Schur, o. Professor an der Technischen Hochschule in Breslau. Herausgegeben unter Mitwirkung von Wolfgang Vogt. Mit zahlreichen Figuren im Text. Groß-Oktav. VIII, 219 Seiten. 1915 . . . . RM. 7.—, geb. RM. 8.20

Statik. Von Professor Dipl.-Ing. W. Hauber in Stuttgart.
I. Teil: Die Grundlehren der Statik starrer Körper. Mit 82 Figuren. Sechster Neudruck. 148 S. 1921. (Samml. Göschen Bd. 178.) Geb. RM. 1.50
II. Teil: Angewandte Statik. Mit 61 Figuren. Sechster Neudruck. 149 S. 1922. (Samml. Göschen Bd. 179) . . . . Geb. RM. 1.50

Kinematik. Von Dr.-Ing. Hans Polster, Betriebsingenieur der Badischen Anilin- und Sodafabrik Merseburg-Leuna. Mit 76 Abbildungen. Zweite Auflage. 151 Seiten. 1920. (Samml. Göschen Bd. 584.) Geb. RM. 1.50

Der Band bietet dem Studierenden eine Einführung, will aber darüber hinaus den in der Praxis stehenden Ingenieuren, die sich in die schwierigen Bewegungsverhältnisse von Nocken-, Schwingdaumen- und Wälzhebelsteuerungen oder von anderen Gebieten tieferen Einblick verschaffen wollen, ein bequemer Führer sein.

Ballistik. Von Dr. Theodor Vahlen, o. ö. Professor der reinen und angewandten Mathematik an der Universität Greifswald. Mit 53 Abbildungen. Groß-Oktav. XII, 231 Seiten. 1922 . . . . . RM. 9.—, geb. RM. 10.—

Im Gegensatz zu anderen Werken über Ballistik bringt dieses neue Buch gerade den mathematischen Gehalt der Ballistik zur Darstellung. Es gewinnt dadurch noch erhöhte Bedeutung, daß es seine Entstehung den praktischen Erfahrungen verdankt, die der Verfasser im Kriege machte. U. a. weist es als neu die zwischen innerer und äußerer Ballistik einzuschaltende Übergangs ballistik und als Ballistik in großen Höhen die kosmische Ballistik auf.

Festigkeitslehre. Von Professor Dipl.-Ing. W. Hauber in Stuttgart. Mit 56 Figuren und 1 Tafel. Achter Neudruck. 127 Seiten. 1923. (Samml. Göschen Bd. 288) . . . . Geb. RM. 1.50

In dem Band gibt der Verfasser eine kurze Übersicht über die Fundamentalsätze der elastischen Kräfte in ihrer Anwendung auf die einfacheren Fälle der Festigkeit, soweit sie für die gewöhnlichen Aufgaben des praktischen Lebens in Frage kommen.

Röderdruck Leipzig.

FSC
www.fsc.org
MIX
Papier | Fördert
gute Waldnutzung
FSC® C083411

Kolibri 360 GmbH
Ferdinand-Jühlke-Straße 7
99095 Erfurt, Deutschland
produktsicherheit@kolibri360.de